上海科普图书创作出版专项资助
上海市优秀科普作品

中国的飞天

马国荣 张祥根 李必光 编写

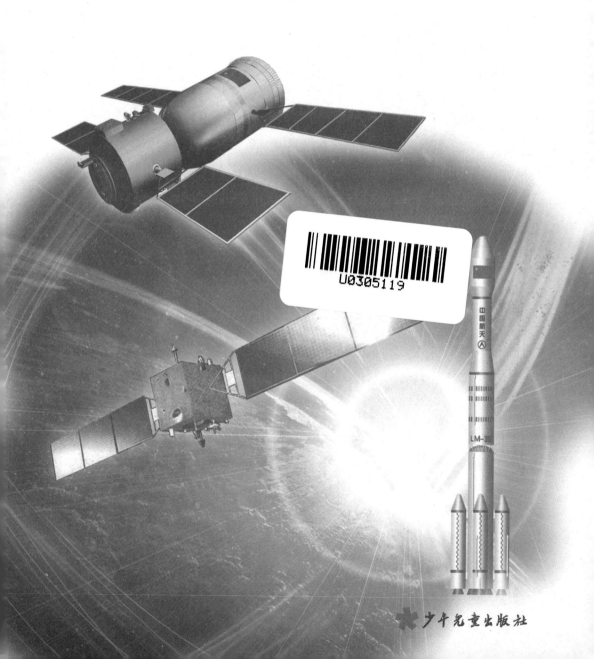

U0305119

LM-3

中国航天

少年儿童出版社

序

"探索未知"丛书是一套可供广大青少年增长科技知识的课外读物，也可作为中、小学教师进行科技教育的参考书。它包括《星际探秘》《海洋开发》《纳米世界》《通信奇迹》《塑造生命》《奇幻环保》《绿色能源》《地球的震颤》《昆虫与仿生》和《中国的飞天》共10本。

本丛书的出版是为了配合学校素质教育，提高青少年的科学素质与思想素质，培养创新人才。全书内容新颖，通俗易懂，图文并茂；反映了中国和世界有关科技的发展现状、对社会的影响以及未来发展趋势；在传播科学知识中，贯穿着爱国主义和科学精神、科学思想、科学方法的教育。每册书的"知识链接"中，有名词解释、发明者的故事、重要科技成果创新过程、有关资料或数据等。每册书后还附有测试题，供学生思考和练习所用。

本丛书由上海市老科学技术工作者协会编写。作者均是学有专长、资深的老专家，又是上海市老科协科普讲师团的优秀讲师。据2011年底统计，该讲师团成立15年来已深入学校等基层宣讲一万多次，听众达几百万人次，受到社会认可。本丛书汇集了宣讲内容中的精华，作者针对青少年的特点和要求，把各自的讲稿再行整理，反复修改补充，内容力求新颖、通俗、生动，表达了老科技工作者对青少年的殷切期望。本丛书还得到了上海科普图书创作出版专项资金的资助。

上海市老科学技术工作者协会

编委会

目　录

引　言

　　晴朗的夜晚，皓月当空，星光灿烂，引起人们无限遐想。古今中外，有多少神话与传说，向往着飞天。

　　航天科技是 20 世纪人类最伟大的成就之一。它揭示了无数宇宙奥秘，促进了科学技术与生产的发展，丰富、提高了人类的物质与文化生活水平，让人们开始实现飞天的梦想。

　　新中国成立以来，中国航天科技在艰苦的环境中，在较短的时间里，创造了以"两弹一星"、"神舟"系列载人飞船和"嫦娥 1 号"卫星为标志的、举世瞩目的辉煌成就，中国已经进入世界航天大国之列。

　　那么，中国航天科技取得了哪些辉煌成就？这些成就又是如何来的呢？让我们一起走近航天科技，了解中国的飞天。

一、运载火箭

人类的飞天之梦

人类自古就向往着飞天。古希腊有人在身上绑了鸟的翅膀飞向月亮的故事，伊朗有人乘坐波斯飞毯飞向太空的故事，中国有牛郎织女、嫦娥奔月、哪吒、孙悟空的神话故事等，都反映了人类飞天的梦想。

古人还对此做了尝试。相传在 14 世纪末，中国有一位官员叫万户。他造了一把特殊的椅子，上面装了 47 支当时最大的火箭（即当时最大的炮仗）。

万户准备飞天

他把自己绑在这把座椅上，左右手各拿了一个大风筝，随后叫仆人点燃火箭，想借助火箭的推进力与风筝的上升力飞上蓝天。

万户飞天的梦想虽未成功，但他是世界上第一个试图利用火箭反作用力升空的人，因此有人称他为世界上第一个航天员。为了纪念万户的勇敢与创新精神，在20世纪70年代召开的一次国际天文会议上，天文学家们通过决议，将月球背面的一座环形山命名为"万户山"。

科学使梦想成真

如今，人类探索太空的梦想终于实现了。随着科学技术的不断发展，人类逐步揭示了天文科学的奥秘，为航天科学的发展奠定了基础，给予人类探索太空以科学思想和理论的指导

开普勒与行星运动三定律

德国天文学家开普勒发现了行星运动三定律，为现代天文学奠定了

知识链接

开普勒的发现

开普勒

开普勒在大学时，受到赞同哥白尼"日心说"的天文学家马斯特林教授的影响，把兴趣转向了天文学，成为哥白尼学说的坚定拥护者。大学毕业后，他当了一名中学数学教师，并在业余时间研究天文学。丹麦天文学家第谷十分赞赏开普勒对天文研究的执著精神，聘请他到布拉格附近的天文台做研究工作。第谷逝世前，把毕生观察行星运行的星表等资料留给了开普勒，要开普勒继承他的工作。开普勒对这些资料进行了认真细致的分析、计算及创造性的研究，终于发现了举世闻名的行星运动三定律。

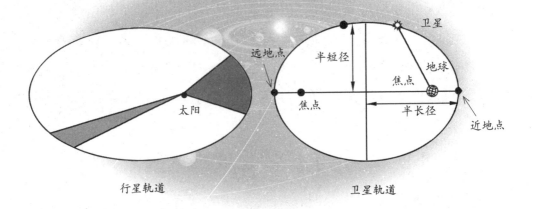

远地点　卫星　半短径　地球　焦点　太阳　焦点　半长径　近地点

行星轨道　　　　　　　　卫星轨道

基石，也为数十年后万有引力定律的发现以及现代航天科学的发展打下了基础。

当时传统的观念认为，行星绕着太阳旋转运动的轨道是圆形的，它的速度也是均匀的。开普勒的行星运动三定律对以上传统观念作了纠正。

第一定律：所有行星围绕太阳运行的轨道都是椭圆的，太阳位于椭圆的一个焦点上。

第二定律：太阳中心到行星中心的连线，在相等时间内所扫过的面积相等。

第三定律：行星绕太阳公转周期的平方与它们轨道半长径的立方成正比。

行星运动三定律不仅适用于环绕恒星运行的大小行星与彗星的运行规律，也适用于环绕行星运行的卫星（包括人造卫星与飞船等）的运行规律。

牛顿与万有引力定律

17 世纪中，英国物理学家牛顿在开普勒行星运动定律的基础上，发现了万有引力定律，并提出速度可以克服地球引力的天才论断。牛顿是

牛顿

万有引力定律

任何两个物体之间存在着相互吸引的力，力的大小和两个物体质量的乘积成正比，和它们之间距离的平方成反比。具体公式为：$F=\frac{Gm_1m_2}{r^2}$，其中 m_1、m_2 分别为两个物体的质量，r 为两个物体质量中心间的距离，G 为引力常数，等于 6.6720×10^{-8} 厘米^3/克·秒^2，F 为两个物体间的引力。

怎么发现万有引力定律的呢？大家肯定都很熟悉这个故事了。

一天，牛顿正坐在一棵大树下。树上的一只大苹果倏地落了下来，砸在他头上。牛顿就想，苹果为什么会往地上落呢？天上的月亮为什么不落下来呢？这个问题一直萦绕在牛顿的心头。他联想起幼年时，用绳子系住石块并甩着旋转的游戏。只要一放手，石块就飞了出去。系着石块的绳子转得越快，手拉的力也越大。石块之所以不落下来，是由于手用力拉着绳子、石块快速转动的缘故。他细细地想着想着，突然明白了：如果把月亮比作石块，地球就像拉着绳子的手，地球的引力好比是那无形的绳子，绕着地球旋转的月亮也自然不会落下来了。行星绕着太阳旋转，都是存在引力的缘故。牛顿通过细致计算，终于发现了举世闻名的万有引力定律。

苹果往地上落是因为地球对苹果存在引力。人跳跃起来，终会落回地面，不能轻易地飞上天，也是因为地球引力。地球像一块巨大的磁铁，将人与万物牢牢地吸在地面上。人类要飞向太空，就要摆脱地球的引力。这可不是一件容易的事！

那人类如何摆脱地球引力的羁绊呢？牛顿提出速度可以克服地球的

三个宇宙速度

物体作曲线运动时，会产生离心力。如果忽略空气的阻力，当物体沿着地球表面水平方向的速度达到7.9千米/秒时，离心力将同地球的引力相平衡。此时，物体将一直环绕地球运动，成为地球的卫星，这个速度称为第一宇宙速度，也叫环绕速度。当速度达到11.2千米/秒时，物体将摆脱地球的引力，飞出地球，成为环绕太阳运行的人造行星，这个速度称为第二宇宙速度，也叫逃逸速度。太阳的引力大，脱离太阳需要的速度也大。当速度达到16.6千米/秒时，物体将摆脱太阳的引力，飞出太阳系。这个速度称为第三宇宙速度。

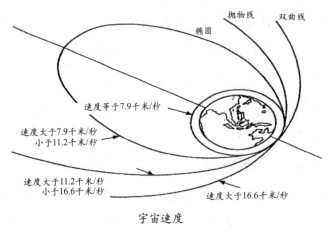

宇宙速度

高度与环绕速度和逃逸速度的关系

离地面高度 （千米）	0	500	1000	5000	35 800
环绕速度 （千米/秒）	7.91	7.62	7.36	5.92	3.08
逃逸速度 （千米/秒）	11.19	10.76	10.40	8.38	4.35

随着高度的增加，环绕速度和逃逸速度会下降。运行于赤道上空36 000千米的静止轨道卫星的速度还不到3.1千米/秒，就是这个道理。

思考题

　　为什么随高度的增加，环绕速度和逃逸速度会下降？

　　（从万有引力公式找答案。）

引力。他举了大炮的例子：如果在山顶上架设一门大炮，沿着水平方向射击，假设没有空气的阻力，炮弹发射的速度越大，炮弹的落点越远。当炮弹的速度达到每秒 7.9 千米的第一宇宙速度时，它将不再落到地面，而会环绕地球不停地旋转，成为一颗地球的人造卫星。

飞机为什么不能飞上太空

　　1903 年，美国的莱特兄弟发明了飞机。此后，飞机不断地被改进。现在飞机已成为人类十分便捷的交通工具了，每年有上亿人次乘坐飞机往返于世界各地。飞机翱翔于蓝天，但能不能飞上太空呢？

　　不能！因为飞机是靠着一副又长又宽的机翼在大气中运动时产生升力，将机身托住才不会从空中掉下来。飞机发动机的燃料是煤油或汽油。它们必须靠氧气的帮助，才能燃烧。也就是说没有氧气，飞机的发动机就不能工作。随着高度的增加，大气越来越稀薄，

炮弹与第一宇宙速度

飞机发动机的工作效率也越来越低。到了 30 千米以上的高空，飞机就难于飞行了。因此，飞机不能在几乎没有空气的太空中飞行。

奥尔科夫斯基的贡献

　　飞机不能上太空，那人类用什么交通工具才能飞往太空呢？ 1903 年，俄罗斯科学家齐奥尔科夫斯基给出了答案：火箭。

　　齐奥尔科夫斯基说，飞机不能飞往太空是因为太空没有空气，飞机

7

机翼的升力

机翼的剖面不是一块平板，而是从前缘到后缘厚度不同的曲面体。机翼上表面弯度大，而下表面比较平坦。飞机在空气中运动时，气流流过上表面的路程长、流速快、压力低，流过下表面的路程短、流速慢、压力高。上下机翼表面的压力差产生了把机翼举起来的升力。没有空气就没有升力。

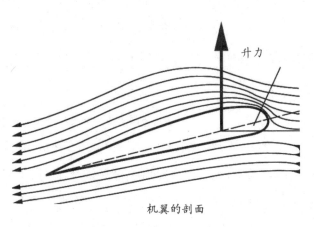

机翼的剖面

不能在没有空气的太空飞行。那么火箭为什么能在没有空气的太空飞行呢？因为火箭是利用喷气的反作用力推动箭体升空的，所以没有空气的托举，它也不会掉下来。另外，火箭自带燃料与助燃剂，它的发动机在没有空气的环境中也能工作。因此火箭能在没有大气的太空中飞行。

齐奥尔科夫斯基是现代航天学和火箭理论的奠基人。9 岁时，一场猩红热病夺去了他的听力。他无法继续上学，靠自修学完了小学、中学课程。23 岁时，他自学完了大学的课程，在家乡的一所中学谋取了一份数学教师的工作。齐奥尔科夫斯基在认真完成教学任务的同时，醉心于宇宙航行理论的研究和实验。然而，他的飞天理想与试验常不被人们理解，不少人认为他是一个怪人，甚至说他是个疯子。但他毫不动摇地坚持自己的事业。3 年后，他出版了一本名为《外层空间》的书。在书中，他首次从理论上证明了火箭可以在太空真空环境中工作。5 年后，他在一本科幻小说中提出发射人造地球卫星的设想。在苦心研究航天科学 13 年后，齐奥尔科夫斯基于 1903 年发表了《用火箭推进器探索宇宙》这本现代航天史上划时代的著作。书中提出了火箭飞行速度同火箭发动机喷气速度、火箭质量、燃料质量关系的公式。这个公式称为齐奥尔科夫斯基公式，被人们誉为"宇宙航行第一公式"。从人类发射第一枚火箭直到现在，世界各国每一枚火箭的设计制造都离不开这个公式的指导。

齐奥尔科夫斯基一生写了730多篇论著。70岁以后，他还写了《进入宇宙空间的火箭》《宇宙火箭推进的列车》《航天员和火箭飞机加速升空》《火箭燃烧》和《火箭的最大速度》等多部著作。由于对现代航天科技功勋卓著,他被誉为人类的"航天之父"

齐奥尔科夫斯基

火箭列车

火箭在太空飞行必须达到一定的速度——第一宇宙速度。根据齐奥尔科夫斯基公式，有三种方法可以提高火箭飞行的最终速度：一是采用高能量的推进剂，提高火箭喷气流的速度；二是采用高强度的火箭结构

知识链接

齐奥尔科夫斯基公式：$V = \omega \ln m_0 / m_k$

V 为火箭的飞行速度（火箭发动机熄火时的速度），ω 为火箭发动机的喷气速度，m_0 为火箭起飞时的质量（包括推进剂在内的质量），m_k 为火箭发动机熄火时的质量（火箭消耗了燃料后自身的结构质量），$\ln$ 为自然对数符号。

这个公式为火箭设计师们设计优质火箭指出了方向：只要设法提高火箭发动机的喷气速度，尽量减轻火箭的结构重量，多装燃料，提高火箭的质量比（m_0 / m_k），就可以提高火箭的速度，设计出高质量的火箭。

材料，尽量减轻火箭的结构质量；三是增加火箭推进剂的质量。前面两种方法，受到科学技术发展水平的限制。而第三种方法增加推进剂的质量实施起来也有一定难度。因为当推进剂质量增加时，贮存箱就要做得更大、更牢，火箭因而变得更加笨重。而为了增加速度，消耗的推进剂就会更多，最终形成恶性循环。所以即使再多带推进剂，速度增加也有限。按照现代火箭发动机的性能和结构水平，单级火箭所能达到的飞行速度不超过 6.0 千米／秒。因此，至今世界上还没有一个国家能够用单级火箭把人造卫星送上天。

用单级火箭不行，怎么办呢？齐奥尔科夫斯基提出了火箭列车——多级火箭理论。他认为单级火箭达不到第一宇宙速度，而多级火箭就可以解决这个问题。把火箭分成几级后，第一级火箭先点火工作，燃料耗尽时，自动脱落。第二级火箭接着点火工作，在第一级火箭速度的基础上加快速度；第二级火箭燃料耗尽后，又自动脱落。第三级火箭点火工作，在第二级火箭速度的基础上加快速度……这样不断脱落，不断加速，火箭也就越飞越轻，越飞越快，最终达到宇宙航行的速度。不过，级数越多，火箭系统就越复杂、越不可靠。所以，火箭一般做成

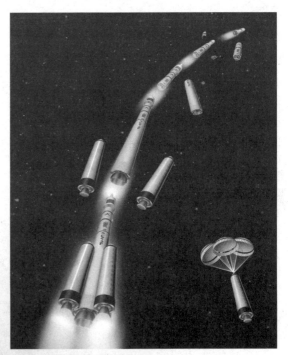

多级火箭的运行

2～4 级。至今，全世界已进行了近 5000 次的火箭发射，已有近 6000 个航天器进入了太空，全部是用多级火箭发射上去的。

飞向太空的火箭

中国是世界四大文明古国之一，有着五千年的悠久历史与灿烂文化。中国也是世界上科技、经济发展最早的国家之一。从春秋时期到宋代的1800年间，中国的技术创新都走在世界前列，影响与推动着世界科技的进步和经济的发展。火箭是中国劳动人民的一项创造，是中华民族的骄傲。

中国，火箭的故乡

早在南宋孝宗年间（1163—1189 年），中国民间就利用火药制作了各种炮仗和烟火。一枚炮仗实际上就是一枚没有控制的固体火箭。古代中国人利用火药爆燃时的反作用力，使炮仗升空或飞向远方。这种最简单的火箭在中国得到了广泛的应用：炮仗或焰火平时为节庆活动添彩，战时用来传递信息或者用作武器杀敌。

古代火箭技术在中国广泛应用二三百年后，于十三、十四世纪传到阿拉伯、印度，然后传入欧洲。尽管欧洲人在中国发明火箭几百年后才学会使用火箭，但现代火箭技术却首先在欧美国家得到了迅速发展。这是为什么呢？

原来从 15 世纪开始，中国明显落后了。当欧美进入蒸汽时代、电气时代的时候，中国却因闭关自守、因循守旧、妄自尊大而停滞不前，变得越来越落后了。历史告诉我们：落后就要挨打。从 1884 年鸦片战争开始，列强不断侵略、瓜分中国，中国从世界强国变成了任人宰割的殖民地、半殖民地国家。这一历史的教训我们永远不能忘记。

新中国成立后，中国的科学技术得到了迅猛的发展。"两弹一星"、"神舟"系列载人飞船和"嫦娥"系列卫星的研制成功，充分说明中国人民有志气、有信心、有能力振兴中华，我们能够在自主创新的道路上不断创造非凡的成就。

戈达德与第一枚液体燃料火箭

1899年10月的一天傍晚，一位17岁的少年爬上一棵高大的樱桃树，仰望星空。他正幻想乘着一个飞行器遨游太空，飞向火星……

他，就是后来成为人类第一枚液体燃料火箭制造者的罗伯特·戈达德。

戈达德于1882年10月5日出生于美国马萨诸塞州伍斯特。他从小爱读科幻小说。在读一本名为《从地球到月球》的科幻书时，一尊巨炮将乘坐3个人的飞行器送上月球的情节使他激动不已。在高中毕业典礼上，戈达德表达了想乘飞行器旅行太空的愿望。他还慷慨激昂地说："很难说没有办不到的事情。因为昨天的梦想，可以是今天的希望，而且还可以成为明天的现实。"

1908年，戈达德毕业于美国伍斯特理工学院，后获克拉克大学物理博士学位，担任物理学教授。他白天任教，业余时间从事液体火箭研究和试验。在戈达德提出登月构想的时候，不少人认为他是"异想天开"，称他为"狂想家"，讽刺他为"月球人"，甚至极力反对。为了做大量的试验，他不得不节衣缩食，多方筹措，解决经费问题。由于他所从事的研究工作前人从未做过，技术上的问题和困难一个个接踵而来。然而，他从不退缩，坚持试验，并在实践中不断总结改进……终于，1926年3月16日，在美国马萨诸州的一个农场里，戈达德和他的助手成功发射

炮仗实际上就是没有控制系统的固体火箭，现代火箭炮原理同炮仗是类似的。

炮仗与火箭炮

中国原始火箭由箭体、炮仗(用于飞行动力)、尾翼(用于稳定飞行方向)、箭头(用于杀伤敌人)组成。现代导弹由箭体结构、动力系统、控制系统和战斗部组成。它们的基本组成一一对应，是何等的相似。因此，有人讲中国的原始火箭是现代火箭的雏形。

箭体　　　　尾翼

炮仗　箭头

中国的原始火箭
与现代导弹

"神火飞鸦"火箭用细竹篾编织成乌鸦状的骨架，外封棉纸，内装火药。"乌鸦"身下装有4枚火箭，点燃连在一起的引线后，靠火箭的反作用力升空，落地前乌鸦身内的火药点燃爆炸。在箭体原理上同现代捆绑火箭是一样的。

"神火飞鸦"火箭与捆绑火箭

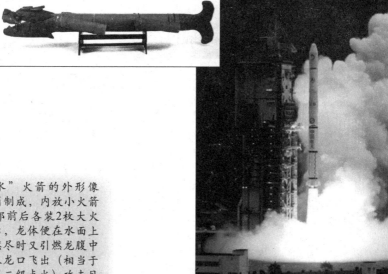

"火龙出水"火箭的外形像龙。龙体由竹筒制成，内放小火箭数枚。龙体下部前后各装2枚大火箭。点燃火药后，龙体便在水面上飞行，火药将燃尽时又引燃龙腹中的火箭。它们从龙口飞出(相当于第一级分离，第二级点火)攻击目标。这种火箭的原理同现代两级串联火箭完全一样。

"火龙出水"火箭与现代两级串联火箭

戈达德

了世界上第一枚液体燃料火箭。这枚火箭尽管只有 3.04 米长，只飞行了 2.5 秒，仅飞到 12 米高、56 米远，但这是人类第一枚液体燃料火箭。它为现代火箭的发展和应用迈出了重要一步。这是一次了不起的试验，是人类研制液体燃料火箭的重要里程碑。

之后，戈达德再接再厉，向着更高的阶梯攀登。他一生中先后制造了 35 枚火箭，在研究火箭技术方面取得了 212 项专利。

戈达德的成功直接启发了其他人。德国的火箭制造者在他的试验基础上，制造出了世界上具有实用价值的第一枚液体火箭——V-2。

戈达德于 1945 年 8 月 10 日因病去世。1959 年，美国政府追认并授予他国会奖章，并将美国航空航天局的一个空间飞行中心命名为"戈达德空间飞行中心"。在这个空间中心的入口处建有一块纪念碑，碑上刻着戈达德在高中毕业时的演说词：昨天的梦想，今天的希望，明天的现实。

V-2 火箭，第一枚弹道导弹

1942 年 10 月 3 日，德国成功地发射了人类历史上第一枚弹道导弹——V-2。V-2 是单级液体火箭，全长 14 米，直径 1.65 米，重 13 吨，发动机推力为 26.5 吨，最大射程 320 千米，飞行时间约 320 秒。虽然同现代世界各国的火箭相比，V-2 只是枚小火箭，但它是世界上第一枚实用型的火箭。它还飞出了大气层，成为第一枚向地球重力挑战的火箭。

第二次世界大战期间，德国利用 V-2 火箭给予英国、荷兰等国严重的打击。虽然德国制造出了当时最先进的导弹武器，但由于希特勒发动的是一场非正义的侵略战争，因此最终未能逃脱失败的命运。

德国投降后，美、苏两国从德国获取了大量 V-2 火箭的图纸资料、设备与样品，以及许多火箭科技人才。在 V-2 的基础上，美国、苏联和世界其他各国的导弹与运载火箭技术迅猛地发展起来了。由于现代火箭是从 V-2 火箭的基础上发展起来的，所以人们常说 V-2 火箭是现代火箭技术的先驱。

现代火箭的发展

　　第二次世界大战结束后，火箭越造越大，技术越来越先进，人类终于能利用火箭飞向太空了。1957 年 8 月 26 日，苏联发射了世界上第一枚洲际导弹。1957 年 10 月 4 日，苏联用"卫星号"运载火箭发射了世界上第一颗人造地球卫星，从此揭开了人类航天的帷幕。1961 年 4 月 12 日，苏联用"东方号"运载火箭把世界上第一位航天员加加林送上了太空。1969 年 7 月 16 日，美国用"土星 5 号"运载火箭（迄今为止最大的火箭）将"阿波罗"飞船送上月球轨道。同年 7 月 20 日，美国航天员阿姆斯特朗登上了月球。

V-2 火箭

　　至今，全世界已有十几个国家发射了运载火箭，把 5000 多个航天器送上了太空。几个航天大国正在建造更大的运载火箭，筹划着把人类重新送上月球以及火星等太阳系其他星球。

　　发展到现在，运载火箭也分化出了很多类型。按照不同的分类准则，现代运载火箭的类型也不尽相同。我们来简单了解一下。

运载火箭

　　早期，运送导弹弹头的火箭和运送卫星的火箭一般都叫运载火箭。随着空间技术的发展，因两者特点与要求不同，逐步形成了两个分支。发射带有装药弹头的火箭一般称为近程导弹、中程导弹、远程导弹或洲际导弹，能运载核弹的火箭称为战略核导弹。发射卫星、飞船等航天器的火箭则称为运载火箭。

"卫星号"运载火箭

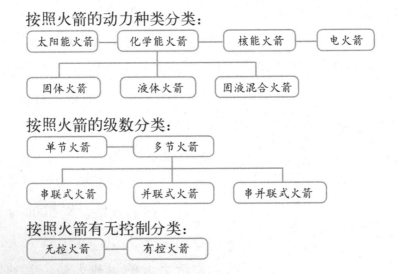

按照火箭的动力种类分类：

太阳能火箭　化学能火箭　核能火箭　电火箭

固体火箭　液体火箭　固液混合火箭

按照火箭的级数分类：

单节火箭　多节火箭

串联式火箭　并联式火箭　串并联式火箭

按照火箭有无控制分类：

无控火箭　有控火箭

"两弹一星"的发展

　　老一代革命家高瞻远瞩，坚定地领导广大中国人民，依靠自力更生和社会主义制度的优越性，发展"两弹一星"工程，使中国的航天科技逐步跻身于世界先进之林。"两弹一星"指核弹（原子弹、氢弹）、导弹和人造卫星。它综合了当代最先进的科学技术，是尖端科技的集中体现。

举世瞩目的成就

中国"两弹一星"发展的速度与成就举世瞩目。1964 年 10 月 16 日，中国爆炸了第一颗原子弹，爆炸威力相当于 2.2 万吨梯恩梯。这使中国成为继美、苏、英、法之后第五个拥有核武器的国家。1967 年 6 月 17 日，中国第一颗氢弹爆炸试验成功，威力相当于 330 万吨梯恩梯。从第一颗原子弹到第一颗氢弹爆炸成功，美国花了 7 年多时间，苏联花了 4 年，中国只花了 2 年零 8 个月。

早在 1956 年 10 月 8 日，中国就成立了导弹研究院（国防部五院），钱学森任院长。1960 年 11 月 5 日，中国仿制的第一枚射程为 590 千米的弹道导弹发射试验成功。1964 年 6 月 29 日，中国独立研制的射程为 1200 千米的中近程导弹试验发射获得圆满成功。1966 年 10 月 27 日，中国成功地进行了导弹与原子弹两弹结合试验。头部装着原子弹弹头的导弹从酒泉试验基地起飞，直冲云霄，向西飞去。几分钟后，原子弹在预定靶心上

知识链接

著名火箭专家布劳恩

冯·布劳恩生于德国，1934 年获柏林大学物理学博士学位。他领导研制生产了 V-2 火箭。德国投降后，布劳恩到美国陆军装备设计研究局工作，领导研制了多种地地导弹。1958 年 1 月 31 日，他设计的"丘诺 1 号"火箭成功地发射了美国第一颗人造地球卫星"探险者 1 号"。1961 年，布劳恩作为美国总统的空间事务科学顾问分管"阿波罗"工程，领导"土星"系列运载火箭的研制工作。1969 年 7 月，他领导设计的"土星 5 号"火箭把人类送上了月球。

布劳恩

空距地面 569 米的高度爆炸，生成一个炽热的火球，随后一朵巨大的蘑菇云升起在空中……

1967 年 5 月，中国自行研制的采用可贮存推进剂的新型中程导弹发射试验成功。1970 年 4 月 24 日，"长征 1 号"运载火箭发射了中国第一颗人造地球卫星。1975 年 11 月 26 日，中国用"长征 2 号"运载火箭发射了第一颗返回式卫星，3 天后返回舱成功返回。返回式卫星的发射成功，标志着中国成为世界上第三个掌握卫星回收技术的国家。

1980 年 5 月 18 日，中国的远程运载火箭飞越 9000 余千米的洋面，弹头精确地射向预定的目标区。从此，中国有了洲际导弹。1986 年 9 月 15 日，中国核潜艇水下成功发射潜地导弹。1999 年、2001 年……中国研制的新型远程运载火箭发射试验一次又一次地

中国第一颗原子弹爆炸

知识链接

梯恩梯

梯恩梯 (TNT) 学名三硝基甲苯，是最常用的军用炸药。它为黄色晶体，不溶于水，不与金属作用，化学稳定性高，是一种威力很强而又相当安全的炸药，即使被子弹击穿一般也不会燃烧和起爆。在第二次世界大战结束前，梯恩梯一直是综合性能最好的炸药，被称为"炸药之王"。

中国第一颗氢弹爆炸

18

取得圆满成功。2007年1月11日，中国成功地进行了一次反卫星试验，将一颗在太空飞行中的过期失效卫星击毁。

经过50年的艰苦奋斗，中国不仅有了一定数量的核弹，还有了多种运载工具（包括潜艇）；不仅有了不同射程的地地导弹，还有了不同空域的地空导弹以及空地、空空、舰空、空舰、舰舰、舰岸、巡航等导弹武器，为祖国筑起了一道钢铁长城。

中国航天技术的起步

中国航天事业起步于20世纪50年代末。用"白手起家"来形容中国航天事业的起步，一点都不夸张。

农田里升起的第一枚探空火箭

1960年2月19日，上海南汇老港的农田里升起了一枚代号为T-7M

中国核潜艇水下发射潜地导弹

中国发射第一枚洲际导弹

的火箭。这枚火箭虽是个"小不点"，却是中国自力更生研制的第一枚探空火箭，是中国空间技术成功迈出的第一步。

T-7M 是一枚两级无控火箭，由一级固体燃料火箭与二级液体燃料火箭串联而成。当固体火箭工作完毕时，液体火箭在空中自动点火，液体火箭飞到最高点时，箭头与箭体自动分离，并分别由降落伞回收。火箭的起飞总重量为 190 千克，总长度为 5.345 米，箭体直径为 0.25 米，固体火箭推力为 1780 千克，液体火箭推力为 226 千克。

知识链接

钱学森

钱学森被人们誉为中国的"航天之父"、"火箭之王"。他生于 1911 年，毕业于上海交通大学，24 岁考取赴美公费留学。1938 年，他获得了加州理工学院硕士学位，留校任教并从事火箭导弹研究，成为美国最早的火箭研究组织——加州理工学院火箭研究 5 人小组成员之一。他在火箭的研究和设计方面取得了突出的

钱学森

成就。1947 年，36 岁的钱学森被麻省理工学院聘为终身教授。1949 年，他又担任了美国喷气推进研究室中心主任职务。这时，钱学森已被公认为世界上力学界和应用数学界的权威、空气动力学研究的开路人，现代火箭技术的先驱者。

在听到中华人民共和国成立的消息后，钱学森冲破了美国政府的重重阻拦，于 1955 年回到了祖国。1956 年 10 月 8 日，中国第一个导弹研究院成立，钱学森为第一任院长。他主持制订了中国导弹发展规划，并投身于国防科研第一线。他领导并参与了中国第一枚近程弹道导弹、中程弹道导弹与洲际弹道导弹的研制与发射试验，导弹运载原子弹的"两弹结合"研制试验，以及中国第一颗人造地球卫星的发射。由于钱学森为中国的航天科技作出了杰出的贡献，中国政府授予他"国家杰出贡献科学家"、"中国两弹一星元勋"等荣誉称号。

3 个月后，毛泽东主席来到上海，在新技术展览会上，看了 T-7M 火箭。当得知该火箭是在没有外国专家、缺少资料的情况下，由一群二十几岁的年轻人研制出来时，他连声赞道："好！好！"并询问："可放多高？"

"8 千米。"讲解员回答。

"8 千米也了不起呀！"毛主席高兴地说，"我们就应 8 千米、20 千米、200 千米地搞上去。"

实际上，中国的空间技术就是沿着毛泽东主席指引的路，从 8 千米、20 千米、200 千米……一步一步地搞上去的。

探空火箭大显身手

第一枚探空火箭升空后半年。1960 年 9 月，中国第一枚气象探测火箭 T-7V 发射成功，最大射高达到了 60 千米。1963 年 12 月，经改进的气象探测火箭 T-7A 发射成功，射高达到 115 千米。

1964 年 7 月 19 日，中国自行研制的第 ·枚生物火箭 T-7A（S1）携带了 8 只小白鼠和 12 支生物试管发射升空。几天后，小白鼠们随火箭安全地返回了地面。1966 年 7 月 15 日与 7 月 28 日，探空火箭 T-7A（S2）分别携带小豹与珊珊两条小狗与小白鼠等生物，发射升空并安全返回。这两

毛泽东参观 T-7M 火箭

上海南汇老港发射场

条小狗返回地面后，还"结了婚"并生儿育女呢！1968年，中国探空火箭的飞行高度已达311千米。

探空火箭还为中国卫星与运载火箭的研制攻克了不少关键技术。我们利用探空火箭探测了太空的电离层，测量了那里的宇宙射线和磁场强度，为发射中国第一颗人造地球卫星起了开路先锋的作用……

知识链接

第一枚探空火箭升空背后的故事

参与研制T-7M的人员大多是刚出校门的青年人，平均年龄只有24岁。他们怀着赶上世界先进水平、为国争光的决心与勇气，在当时条件十分简陋、困难的情况下，攻克了研制道路上一个又一个的难关。

T-7M火箭发动机爆破活门上有一片爆破薄膜，加工的厚度误差只有0.005毫米，还不到人头发丝的1/10，而且形状十分复杂，一般的机械加工无法达到。若尺寸精度达不到要求，二级液体火箭发动机就有可能不启动或提前启动，试验就要失败。承担薄膜研制的两个女青年，经过调研，决定采用化学铣切的加工方法。没有工装刀具，她们就用缝衣针自磨刀具，自刻图案，日以继夜地拼搏了一个半月，进行了近百次试验，终于制出了符合要求的薄膜，保证了液体火箭发动机的正常启动。

控制火箭头部与箭体分离需要有个定时钟表机构。没有现成的产品，时间又紧迫，科研人员就从市场上买来了一只小台钟，经过改装与各种环境试验，制成了小巧的钟表机构，保证了头体的定时分离。

而发动机试车台则利用了江湾机场内的一座废碉堡，由技术人员亲自动手，用草包、泥土与混凝土加工改造而成。发射场没有步话机，没有电话，也没有广播喇叭等通信设备，他们就用小红旗与做手势来传递信息，指挥试验；没有自动遥测定向天线，几个人就用手转动天线来跟踪火箭……

就这样，依靠一群年轻人火热的爱国心和自力更生、艰苦奋斗、团结协作、勇于攀登的闯劲，仅用了3个月就装出了第一枚T-7M火箭。

第一枚卫星运载火箭

从空间技术的发展规律看，世界各国一般都从研究探空火箭起步。然而，各国又以发展导弹武器为优先，因此，弹道导弹发展较快。弹道导弹与航天器运载火箭的基础都是大型火箭。所以，发射卫星的运载火箭，一般都是在发展中远程乃至洲际弹道导弹的基础上发展起来的。中国卫星运载火箭的发展也是如此。

"长征1号"运载火箭
发射中国第一颗人造卫星

1970年1月，中国自行研制的二级中远程液体燃料弹道导弹发射成功，从而为研制发射卫星的运载火箭创造了条件。在中远程导弹二级的上部，增加固体燃料火箭三级，就成了中国第一枚运送卫星的火箭——"长征1号"运载火箭。"长征1号"为三级火箭，一、二级为液体火箭，三级为固体火箭。它全长29.46米，最大直径2.25米，起飞质量81.5吨，起飞推力104吨，近地轨道运载能力为300千克。

1970年4月24日，"长征1号"运载火箭携带中国第一颗人造地球卫星"东方红1号"发射升空。中国成为继苏、美、法、日后第五个发射卫星的国家。

非凡的"风暴1号"

"风暴1号"运载火箭也是以中国远程火箭为原型研制而成的卫星运载火箭。1969年秋，国家下达上海研制"风暴1号"运载火箭的任务。

"风暴1号" 运载火箭

这是上海首次研制大型运载火箭，技术力量、生产能力和试验设备等都存在许多困难。但科研人员仅用了10个月的时间，就制造出了地面全系统试验火箭。不到3年时间，就将第一枚试验火箭送上了太空。

1975年7月26日，中国用"风暴1号"首次将重达1107千克的"长空1号"卫星送上了太空。1977年、1978年，中国利用"风暴1号"运载火箭又进行了两次科学研究飞行试验，为攻克中国航天工程重大关键技术做出了重要贡献。1981年9月20日，中国首次用一枚"风暴1号"火箭成功发射了3颗卫星。

"风暴1号"运载火箭为二级液体燃料火箭，直径3.35米，全长32.57米，发动机推进剂为偏二甲肼和四氧化二氮，起飞推力为300吨，起飞质量191.15吨，近地轨道运载能力大于1.5吨。自1969年至1981年，中国总共研制发射了11枚"风暴1号"火箭，成功发射卫星6颗，并进行了3次重要的科学实验，为中国的航天事业建立了不可磨灭的功勋。

"两弹一星" 精神

中国的航天科技能够在既无经验又无基本技术、设备条件的情况下取得如此辉煌的成绩，与航天战线广大研制人员具有的可贵的"两弹一星"精神是分不开的。

为了祖国的航天事业，很多人举家来到西南或西北的山沟里，扎根在那里艰苦奋斗了一辈子，他们"献了青春献终生，献了终生献子孙"。有的人为了早日完成"两弹一星"任务，日以继夜地工作，最终积劳成疾，献出了自己的生命，也有的直接牺牲在自己的岗位上。

1974年7月24日，在湖州七零一三厂液体火箭发动机试车台上，一台"风暴"运载火箭发动机在准备试车时，高压氮气罐突然泄漏了。在这紧急关头，几个年轻人奋不顾身地冲进去排除故障。其中3人由于吸入氮气过多，当场窒息昏倒在地，虽经全力抢救，但再也没有苏醒过来。为了祖国的航天事业，他们献出了年轻的生命。牺牲时，3人的年龄分别为28、25和22岁。

为了完成研制任务，大家自力更生，勇于登攀，"没有条件，创造条件上"。当时上海新新机器厂承担了"风暴1号"运载火箭大发动机的研制任务，需用的钎焊炉比现有的厂房还高。但造新厂房，既需经费又拖延时间。职工们于是开动脑筋，用几十只千斤顶将原有厂房的屋顶抬高了1.7米，再砌上砖头，创造性地装进了钎焊炉。他们就是利用这座旧厂房，生产出了成百台70吨推力的大发动机。

50年来，中国"两弹一星"工程取得的物质成果固然可贵，但精神成果更是我们的传家宝。这就是"热爱祖国，无私奉献，自力更生，艰苦奋斗，大力协同，勇于登攀"的"两弹一星"精神。

1999年9月18日，中共中央、国务院、中央军委隆重表彰为研制"两弹一星"作出突出贡献的科技专家，授予于敏、王大珩、王希季、朱光亚、孙家栋、任新民、吴自良、陈芳允、陈能宽、杨嘉墀、周光召、钱学森、屠守锷、黄纬禄、程开甲、彭桓武以及追授王淦昌、邓稼先、赵九章、姚桐斌、钱骥、钱三强和郭永怀"两弹一星功勋奖章"。

中国运载火箭，世界先进

运载火箭是航天科技的重要组成部分，也是显示一个国家空间技术发展水平的重要标志。中国"长征"系列运载火箭现有12种类型，能够发射近地轨道、太阳同步轨道、地球同步轨道等不同轨道的航天器，能把 9.5 吨重的卫星送入地球近地轨道，把 5.1 吨重的卫星送入地球同步轨道。

截至 2008 年 6 月底，"长征"系列运载火箭已进行了 107 次发射。自 1996 年 10 月以来，已取得连续 65 次发射成功。在 11 年多的时间内没有一次发射失败的纪录，这在世界上是前所未有的。中国运载火箭在低温高能燃料发动机技术、一箭多星技术、地球静止轨道卫星发射技术、火箭捆绑技术、载人运载火箭技术等诸多领域都已跻身于世界先进行列。

辉煌成果

中国运载火箭的起点较高，首次发射就将一颗响当当的大卫星送上了太空。

由上表可知，中国发射的第一颗卫星的重量比苏、美、法、日 4 个国家第一颗卫星重量的总和还要重 15.1 千克。再来看看中国运载火箭取得的辉煌成果。

● 1981 年 9 月 20 日，中国用一枚火箭发射了"实践 2 号"、"实践 2 号"甲、"实践 2 号"乙 3 颗卫星。继苏联、美国和欧洲航天局后，中国也掌握了一箭多星技术。

● 1984 年 4 月 8 日，"长征 3 号"运载火箭将中国第一颗试验通信

世界各国发射的第一颗人造地球卫星的性能参数								
国家	苏联	美国	法国	日本	中国	英国	印度	以色列
卫星名称	"伴侣1号"	"探险者1号"	试验卫星1号	"大隅号"	"东方红1号"	"普罗斯帕罗"	"罗希尼"	"地平线1号"
发射时间	1957 10.4	1958 1.31	1965 11.26	1970 2.11	1970 4.24	1971 10.24	1980 7.18	1988 9.19
卫星质量 (千克)	83.6	8.3	42	24	173	72.5	40	155
近地点高度(千米)	228	360	536	339	441	537	306	250
远地点高度(千米)	946	2531	1809	5138	1482	1482	919	1150

卫星送入了地球同步转移轨道，使中国成为世界上第五个能发射地球静止轨道卫星的国家。"长征3号"运载火箭第三级采用低温高能液氢液氧燃料，中国由此成为世界上第三个掌握低温高能液氢液氧燃料火箭的国家。

● 1988年9月7日，中国将第一颗气象卫星"风云1号"送入了太阳同步轨道，成为世界上能发射太阳同步轨道卫星的第三个国家。

● 1990年4月7日，"长征3号"运载火箭将美国制造的"亚洲1号"卫星送入地球静止卫星转移轨道，使中国航天走向了国际市场。至今，中国已为美、法等国发射了30颗卫星。

● 1990年7月16日，"长征2号"捆绑火箭首次将两颗卫星送入地球轨道。中国运载火箭掌握的先进捆绑技术，大大提高了火箭的运送能力，使低轨道运载能力一下提高到9.2吨。

● 1997年10月17日，"长征3号"乙火箭发射"亚太2号"通信卫星成功，使中国地球静止转移轨道卫星运载能力达到5.1吨。

● 1999年11月20日，"长征2号"F火箭将中国第一艘试验飞船——"神舟1号"送入太空，使中国成为世界上第三个能用自己制造的运载火箭发射飞船的国家。

"长征"系列火箭

"长征2号"F火箭是中国为发射载人飞船研制的专用运载工具。它全长 58.34 米，起飞质量 479.8 吨，起飞推力 600 吨，芯级直径 3.35 米，能把 8 吨重的飞船送上地球近地轨道。它的最大特点是安全、可靠。一般"长征"系列运载火箭的可靠性为 93%，而"长征 2F"达到了 97%。火箭上还增加了故障检测系统和逃逸系统，使运送航天员的安全性达到了 99.7%。除俄罗斯的"联盟号"运载火箭外，"长征 2 号"F 火箭是世界上目前最可靠、最安全的载人飞船运载火箭。从 1999 年到 2005 年，中国用"长征 2 号"F 火箭已成功地发射了 4 艘试验飞船、2 艘载人飞船。

2007 年 10 月 24 日，"长征 3 号"甲火箭将中国第一颗月球探测器——"嫦娥 1 号"卫星送入近地点为 200 千米、远地点为 51 000 千米的同步转移轨道。"长征 3 号"甲运载火箭共有三级，全长 52.52 米，最大直径 3.35 米，起飞推力 300 吨，第三级采用新型液氢液氧火箭发动机。"长征 3 号"甲

知识链接

液氢液氧燃料火箭的难题

液氢的沸点为 -253℃，液氧的沸点为 -183℃。沸点这么低的液态燃料，从生产厂制造出来后，要运送到发射场，贮存于库房，加注进火箭箱体，又要能精确地计量……每一环节都是个难题。火箭发动机上的泵要把这两种极低温度的液体燃料打进燃烧室。制造这种能在极低温下工作的泵又是个难题。"长征 3 号"运载火箭第三级要在高空失重状态下点火。在失重状态下，液体会变成雾状，怎么办？"长征 3 号"运载火箭第三级发动机在太空工作一段时间后，要关机，关机一段时间又要点火……像地面的汽车那样开开停停，这又是个难题！在这种极低温下，连接发动机的那些密密麻麻的细长管道内不允许有潮湿的空气，更不允许有一滴水。只要有一小滴水珠，就会冻成像钢珠一样，将管道堵塞，使燃料流不进去，发动机就不能再工作，发射就会失败。

以上还只是研制过程中遇到的部分难题，可见低温燃料发动机的运作对技术要求很高。但中国的航天科技工作者们早在 1984 年前，就把这些技术难关一一攻克了！

火箭的特点是安全可靠，它先后发射了 15 次，取得了 100% 的成功。

尽管中国的运载火箭在不少技术领域已跻身于世界先进水平，但我们还没有巨型火箭。中国火箭目前低轨道运载能力最大仅为 9.5 吨，而美、俄两国最大可达 100 多吨。在控制技术、动力技术、测控技术等方面，我们同欧美国家还有一定差距，同美、俄相比差距更大。我们一定要在三四十年时间里追赶上去。

新一代运载火箭

为了更上一层楼，中国正在研制新一代运载火箭。新一代运载火箭有三大特点。第一，火箭的直径加粗了，最大的直径由 3.35 米增加到 5 米。由于火箭更大了，所以运载能力也更大了。第二，火箭采用两种组合燃料的发动机。一种采用液氢、液氧燃料，推力为 80 吨的发动机；另一种采用液氧、煤油燃料，推力为 120 吨的发动机。这两种组合的燃料，能量大，没有毒性，是高能、无毒、无污染的环保燃料。第二，采用标准化、组合式的设计思想。新一代火箭的直径有 2.25 米、3.35 米、5 米三种规格。这三种直径的火箭采用芯级捆绑技术，用串联、串并联等形式，可组合成运载能力大小不同的十余种火箭。这样就可按航天器的重量与任务需要，任意地选用最经济实用的

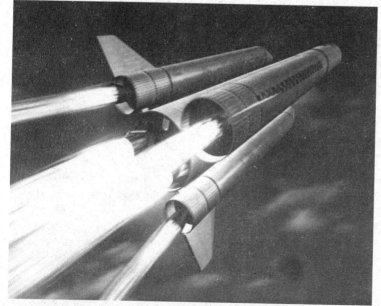

中国新一代运载火箭

运载火箭。采用标准化设计后，火箭可批量化生产，从而减少发射成本，提高经济效益。

由此可知，新一代运载火箭具有很大的优越性：不仅可发射 1.5～25 吨重的近地轨道航天器，还能发射 1.5～14 吨重的地球静止轨道的航天器。新火箭造好后，中国就可发射 20 吨重的永久空间站。到那时，把中国航天员送上月球去并安全地返回地球也不成问题了。

中国新一代运载火箭现正在加紧研制，将于 2014 年前后升空。此外，中国还在探索研究可重复使用的运载火箭技术。若干年后，可重复多次使用的新颖运载器，也将从中国大地上升起。

运载火箭的五大系统

人们鸦雀无声，甚至屏住了呼吸，全神贯注地凝视着发射台的火箭。发射场的指挥官喊出口令："5 分钟准备！1 分钟准备……10、9、8、7、6、

中国火箭发射现场

5、4、3、2、1，点火！"顷刻间，火箭尾部吐出火红的烈焰，发出雷鸣般的咆哮声，在自身强烈喷流反作用力的推动下，火箭从发射台冉冉升起。几秒钟后，火箭按程序缓缓转弯，速度越飞越快，直上蓝天，慢慢地消失在云霄中。接着从发射场传来报告："一级关机，二级点火，二级分离，风罩分离……星箭分离，卫星进入轨道。"此时，即使没有亲临发射场，而是坐在电视机前观看，你也会高兴得欣喜若狂，欢呼雀跃，庆贺祖国又一枚火箭发射成功。

那么，运载火箭是怎么飞上天的呢？这和组成它的五大系统（包括动力系统、控制系统、箭体结构系统、遥测系统、外弹道测量和安全系统）是分不开的。火箭在飞行过程中，各个系统各司其职，分工合作，确保把卫星或飞船送入预定的轨道。

动力系统，火箭擎天之力的源头

"神舟"飞船的重量超过 8000 千克，相当于 200 个体重为 40 千克小朋友的总重量。"长征 2 号"F 运载火箭要把这么重的大家伙加速到 7.9 千米/秒的速度，送上离地面 350 千米高的轨道。它的力气之大，可想而知了吧！这个擎天之力的源头就是火箭的动力系统。

火箭的动力系统由发动机与燃料输送系统（包括管道、阀门、泵、附件等）组成。发动机是火箭的动力装置。火箭的每一级都由单台或多台发动机组成。现代运载火箭发动机大多采用液体化学燃料作能源。燃料（常称为燃烧剂）与助燃材料（常称为助燃剂或氧化剂）分别装在每级火箭

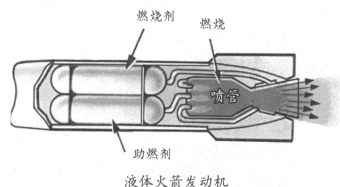

液体火箭发动机

的两个大箱子内。那燃料是怎样通过发动机变成巨大推力的呢？

原来，燃料与助燃剂通过管道输向发动机，又通过发动机头部的数千个小孔喷入燃烧室，在那里进行剧烈的燃烧，从而生成高温高压燃气。燃气在通过发动机喇叭状的喷管时扩散膨胀，并高速向外喷射。强大燃气流的反作用力就成了火箭的推力，推动火箭不断加速前进。

思考题

若小船上有一支高压水枪在向东方不停地喷水，小船将如何运动？

火箭发动机的胃口可大呢！中国发射载人飞船的"长征2号"F第一级火箭的8台发动机点火后，总推力为600吨，短短的一秒钟内就要消耗2吨燃料。发射阿波罗载人登月飞船的"土星5号"第一级火箭的5台发动机，总推力为3464吨，每一秒要消耗15吨燃料。为它输送燃料的管道像地下污水管道那么粗，人都能在里面爬行！火箭的胃口大，所以力气也就大。

控制系统，火箭的大脑和中枢神经

火箭的控制系统是火箭的大脑和中枢神经。它的任务就是稳定火箭箭体的姿态，控制火箭沿着预定的路线飞行，将航天器送入轨道。

火箭设计师首先根据将要发射的卫星的轨道要求，为运载火箭设计一条精确的飞行轨迹（常称轨道或弹道），计算出火箭飞行过程中每时每刻到达的位置与速度。随后，他们将这些数据存入火箭控制系统的计算机（常称装订入计算机），再让制造出的火箭沿着这条轨迹飞行。如果火箭偏离了原定的飞行轨迹，就要靠火箭上的控制系统把它校正到正确轨迹上来。当火箭达到了预定的位置和速度时，控制系统会发出指令，让火箭发动机关机。接着，卫星就与火箭分离，进入预定的轨道。

火箭控制系统一般有上百台非常精密、复杂的仪器设备，如程序配电器、精密惯性器件、计算机、执行机构、电源等。程序配电器的任务是按设计的时序接通或断开电路，为仪器设备送上电源或断开电源。惯性器件用于测出箭体姿态角的变化、火箭飞行加速度等。计算机是火箭的大脑，负责贮存信息、经过综合计算后下达指令。执行机构的任务是依据惯性器件测得的信息或来自计算机的控制指令，操纵火箭沿着预定弹道飞行。

每枚火箭上都装有精密惯性器件，它是测量火箭箭体姿态变化并控制火箭飞行的关键设备。惯性器件一般由陀螺或陀螺组件组成。我们知道当陀螺旋转时，速度越快，也就越稳定。人们利用螺陀原理，制成了精密的陀螺仪，可以精确地测出火箭箭体的转角、角速度以及火箭的加速度等重要参数。所以每枚火箭几乎都装有许多各种类型的陀螺仪。有人称陀螺就是火箭的心脏，它同箭上的计算机与执行机构等一起组成了火箭的控制系统，精确地控制着火箭的飞行，使卫星入轨点的位置与速度控制在十分精确的误差范围之内。

箭体结构系统，火箭庞大的身躯

火箭箭体好像人的躯体一样，它把火箭运送的卫星或飞船和火箭的各大系统联结成为一个整体。火箭流线型的光滑外壳

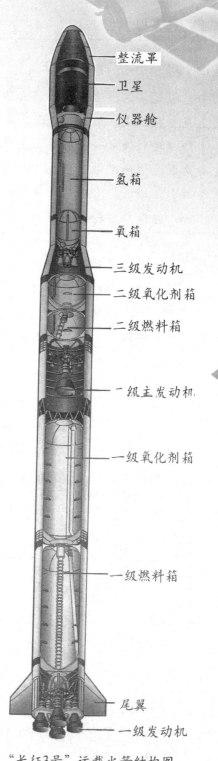

"长征3号"运载火箭结构图

整流罩
卫星
仪器舱
氢箱
氧箱
三级发动机
二级氧化剂箱
二级燃料箱
一级主发动机
一级氧化剂箱
一级燃料箱
尾翼
一级发动机

33

爆炸螺栓

运载火箭大多由多级火箭串联或串并联组成，级与级之间一般采用爆炸螺栓联接成一个整体。火箭需要分离时，十余个爆炸螺栓同时通电，同时引爆断开，火箭随即分离。由此可知，对爆炸螺栓的可靠性要求是很高的。通电以后，不仅要求它们都能引爆断开，还要求同时断开，误差只允许千分之几秒。一枚三级火箭一般装有 40～50 个爆炸螺栓，只要有一个不能引爆断开，或同步性不符合要求，就会导致整个发射失败。

及箭体的附加设备，能保护箭体内的设备不受火箭飞行时强震动、强冲击、强噪声及空气摩擦加热的影响。

火箭箭体主要由整流罩、仪器舱、燃料贮箱、箱间段、级间段、稳定尾翼以及连接与分离构件等组成。火箭庞大的身躯主要来自燃料箱体。为了达到第一宇宙速度，火箭需要携带大量的燃料（包括助燃剂）。如"长征 3 号"火箭的起飞重量为 203 吨，其中燃料大约为 190 吨，占全部重量的 90% 以上。为了让火箭发动机关机时获得最大的速度，航天专家总是想尽办法多装燃料，千方百计地减轻火箭箱体的重量。现代火箭的箱体一般用铝合金或钛合金材料制成。为了尽可能地减轻它的重量，火箭壳体造得很薄。

遥测系统，火箭上的"心电图监护机"

"长征 3 号"运载火箭第一次发射时，火箭的一级、二级发动机都工作正常，三级发动机在高空第一次点火后，工作也正常。但火箭飞行 20 多分钟后，出现了故障。此时，火箭已在离发射场约 5000 千米，离地面约 400 千米远的高空。然而，发射场的指挥官们即刻就知道了火箭没有进入预定轨道，并知道了故障的大致方位。他们是怎么知道的呢？

这就是火箭上装的"心电图监护机"——无线电遥测系统的功劳。无线电遥测系统同地面的接收处理设备一起，承担着火箭的遥测任务。箭上遥测设备由各种测量传感器、变换装置、无线电遥测信息发射机与天线等组成。测量传感器不仅可以测出火箭的内部环境状况，如温度、震动、冲击强度、噪声等，还可测出火箭各系统设备的工作状况。测得的这些信息，经过变换后，通过发射机与天线以无线电信号的形式发射出去。无线电波经大洋里的测量船或地面站接收后，以光的速度传送到火箭发射指挥中心。因此，有了无线电遥测系统后，无论火箭飞到天涯海角，它的工作情况与飞行结果，指挥中心都能了解得一清二楚。

每枚运载火箭，一般都有四五百个遥测项目。在飞行试验结束后，不论试验成功与否，航天专家都要对火箭飞行的遥测数据进行认真判读，仔细分析，找出问题所在，以进一步提高火箭的质量与可靠性。

外弹道测量系统，火箭的方位报告器

火箭在飞行过程中，地面可通过光学测量系统、无线电遥测系统与雷达测量系统三种途径了解火箭运行的状况。

雷达测量系统由地面雷达和火箭上的外弹道测量系统组成。而外弹道测量系统主要由无线电信标机与无线电应答机等组成。信标机的任务是不断发出无线电信号，使地面（或测量船上）雷达迅速地跟踪火箭。这好比火箭在不停地喊："我在这里！我在这里！"千里外的雷达站接收到火箭发出的微弱信号后，就能紧紧地跟踪它。

知识链接

多普勒效应

在观察光波、声波、电磁波时，若波源和观察者之间有相对运动，观察者观察到波源的频率将会发生变化，这就是多普勒效应。例如，当一辆高速运行的火车驶过来时，离我们越近，我们听到的汽笛声调越尖，这就是多普勒效应的表现。同样，随着高速飞行的火箭与地面距离的变化，地面雷达接收到的火箭应答机发出的无线电信号的频率也将发生变化。根据这个变化，就可能计算出火箭的速度与距离。

当地面（或测量船上）雷达在跟踪上火箭后，即发出一个无线电信号。火箭上的无线电应答机接收到后，立即转发一个无线电信号。地面雷达接收到这个应答信号后，通过雷达发射与接收到无线电信号的时间间隔，就可计算出此时雷达站到火箭的距离。有了火箭上无线电应答机的帮忙，地面雷达站就可正确并成倍地提高探测火箭的距离。

火箭的安全系统

火箭所带的燃料与助燃剂如果混在一起，会立即燃烧甚至爆炸。所以装了几百吨燃料的火箭就像是颗大炸弹。火箭在飞行过程中，一旦出现故障发生爆炸，如果地面是一个人口众多的城市，或者是个核电站、军火仓库……该怎么办？

火箭设计专家早就想到了这一点。在遇到上述危险情况时，火箭上的安全系统将选定合适的时间毫不犹豫地把故障火箭炸掉。

在运载火箭上，一般装有二三枚爆炸器（炸弹）。故障火箭自毁常采用两种方式：一是当火箭翻滚时，由火箭自身发出安全自毁指令；另一是由地面发遥控指令。

火箭上的安全系统的工作必须十分安全可靠。为此在设计与管理上都要采取十分有效的措施，不

地面发射

能有半点马虎，也决不允许别人破坏。如安全系统的频率、编码等都是绝密的，且系统采用了多道保险。"好弹（火箭）不误炸，坏弹一定炸"。中国航天一百余次发射，每次都一丝不苟地严格执行着安全第一的准则。

运载火箭的发射与发射场

运载火箭有三种发射方式：从地面固定发射场发射、从海上发射和从空中发射。三种发射方式各有利弊。地面发射场规模大、设备齐全，可以发射各种型号的运载火箭，所以目前世界各国大多采用地面发射场发射。地面发射的最大不足是受地理位置的限制，往往不能充分借助地球自转的能量来发射卫星。海上与空中发射不受地理位置的限制，但受规模与设备的限制，只能发射有限种类的运载火箭。空中发射还受飞机运载能力的限制，一般只能发射小型卫星。

大多数火箭由西向东发射，目的是为借助地球自转赋予的初速度。

纬度越低，这种初速度越大。赤道点赋予的初速度最大，可达465米/秒。所以，在赤道附近发射静止轨道卫星，可直接送入地球静止轨道或其准同步轨道，从而减少卫星横向变轨的能源损耗，大大延长卫星的寿命。此外，在低纬度发射场还

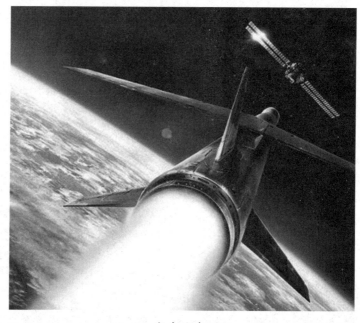

空中发射

可以发射大小不同倾角的卫星。因此，发射场靠近赤道，既有利于发射不同种类、不同用途的卫星，又可大大提高火箭的运载能力，降低发射成本。

中国的运载火箭发射场目前有 3 个：酒泉卫星发射中心、太原卫星发射中心、西昌卫星发射中心。中国现正在海南岛的文昌地区建立文昌卫星发射中心，几年后中国将有 4 个空间飞行器发射场。发射场一般由技术准备区、发射区、指挥控制中心、测控通信系统和地面勤务保障系统等组成。发射场的主要工作是火箭总装、检查测试、转场、选择合适的气象条件与发射时间段、加注燃料、发射场内与场外测控站设备联试、时间同步和发射等。

太空之旅路漫漫

人类的航天活动虽已有五十余年的历史，但还只是刚刚起步。人类

知识链接

世界主要运载火箭

据不完全统计，全世界现有运载火箭 20 余个系列。除中国的"长征"系列外，美国主要有"大力神"、"雷神"、"宇宙神"、"侦察兵"、"土星"、"德尔它"等系列运载火箭，俄罗斯主要有"东方号"、"联盟号"、"质子号"、"闪电号"、"旋风号"、"宇宙号"、"天顶号"、"能源号"、"安加拉号"等系列运载火箭，欧洲航天局主要有"阿里安"系列运载火箭，日本主要有 H、M、N 等系列运载火箭，印度主要有 GSLV、PSLV 等系列运载火箭。

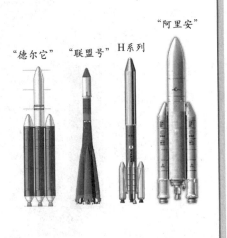

"德尔它"　"联盟号"　H系列　"阿里安"

西昌卫星发射中心

的足迹最远才踏上了月球。中国航天的先驱者钱学森把人类冲出大气层到太阳系内的活动称为航天，把人类离开太阳系到银河系其他区域，甚至到银河系以外星系的活动称为宇航。那么，人类何时能宇航呢？

宇宙浩瀚无边。地球在太阳系中仅是沧海一粟。太阳系仅是具有成千亿颗恒星的银河系中一颗中等恒星，而宇宙空间类似银河系的星系又有上千亿个。如果使用现在的运载火箭，以20千米/秒的速度飞行，去火星要9个月，去土星要5年，去天王星要9年，去海王星要12年，飞出太阳系要30余年，去离太阳系最近的恒星半人马座的比邻星需要6.34万年。所以，目前的化学能运载火箭是无法飞出太阳系的。那么电火箭和核能火箭行不行呢？

电火箭是用太阳能、核能或化学能转换而成的电能加速氢、氩等物质，形成高速流而产生推力的火箭。这种火箭发动机的比冲高、寿命长，但推力太小，适用于航天器的姿态控制或位置保持，如果用作主发动机进行载人星际航行，需要的时间太长。

核能火箭是利用核反应或放射性衰变释放出热量加热液氢、液氦等物质，形成高速流而产生推力的火箭。这种火箭发动机的比冲高、寿命长，但技术复杂。这类火箭最终能达到的速度也有限，用于太阳系内航行还可以，用于宇航还不行。

那么人类用什么火箭去探索银河系或更远的太空呢？目前人们寄予最大希望的是光子火箭。

光子火箭，就是利用物质与反物质相遇时会转化为光子，依靠光子产生的推力来推动的火箭。理论上光子火箭发动机可使飞船加速到接近光速。但光子火箭目前还只是一种理论。此外，诸如反物质从哪里来、有了反物质怎么贮存、飞船怎么造等许多难题还无法解决。所以制造光子火箭，目前还只是一个有待遥远的将来才能实现的设想。

在 21 世纪，人类将重返月球，建立月球基地，登上火星，建立火星居民村……随着科学技术的发展，人类终将飞出太阳系，去银河系其他行星，飞向更遥远的宇宙……

二、人造卫星

那是 1970 年 4 月 24 日，在酒泉发射中心，"长征 1 号"火箭成功将"东方红 1 号"卫星发射入轨，拉开了中国卫星事业的序幕。

东方红星闪耀

"东方红 1 号"科学试验卫星为球形多面体，铝合金结构材料。它有两套无线跟踪设备进行轨道测量，还装有姿态测量仪器。它的运行轨道距离地球最近点 439 千米，最远点 2384 千米。其轨道平面与地球赤道平面夹角为 68.5°，绕地球一周需 114 分钟。这颗 173 千克重的卫星用 20.009 兆赫的频率向全球播送了《东方红》乐曲。

截止 2006 年 6 月，全球发射约 5808 个航天器，其中有 5239 颗人造卫星。中国在这期间共发射了 73 颗卫星，包括"实践"系列科学技术试验卫星、返回式遥感卫星系列、"东方红"系列通信卫星、"风云"系列气象卫星、"资源"系列资源卫星、"北斗"系列导航卫星、"海洋"系列海洋卫星、"探测"系列科学卫星等。

人造卫星的运行

人造卫星在太空是怎么运行的呢？让我们先来了解它的组成和结构。

卫星的组成与结构

人造卫星一般由有效载荷和公用平台两大部分组成。卫星有效载荷，是指卫星上用于直接实现卫星各种应用目的或科研任务的仪器设备，如遥感卫星的照相机、通信卫星的转发器和天线、气象卫星的多光谱探测仪等。有效载荷根据不同卫星的任务需要而变化。公用平台一般由结构、热控制、电源、姿态控制、测控跟踪数传、星载计算机及软件等分系统组成。同类型卫星平台不用变换或稍加变换即可通用。打个比方：有效载荷像乘客，公用平台像一架民航客机；乘客是变换的，而客机是相同的。

卫星结构是卫星的骨架，主要用以安装、连接卫星上的设备和动力装

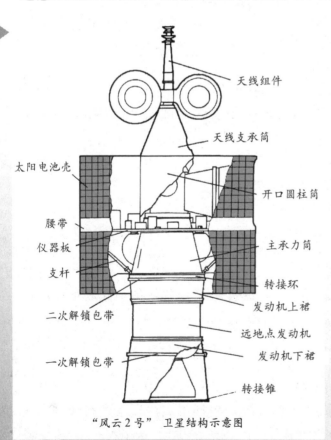

天线组件
天线支承筒
太阳电池壳
开口圆柱筒
腰带
仪器板
支杆
主承力筒
转接环
发动机上裙
二次解锁包带
远地点发动机
一次解锁包带
发动机下裙
转接锥

"风云2号"卫星结构示意图

置，承受地面操作、发射、运行和返回地面时的外力条件，起到保护的作用。卫星结构多种多样，但从功能上看，一般由承力件、外壳、安装部件、天线、太阳电池阵结构、防热结构、分离连接装置等组成。

卫星结构材料的选用既要考虑一定的刚度要求，又要满足卫星不同部位温度控制的要求，常选质量小的铝合金、铝镁合金、玻璃钢纤维和碳纤维复合材料，以及芳纶纤维等材料。

卫星的姿态保持

卫星的姿态是指卫星在空间运行时要保持的不同方位。比如侦察卫星的照相机、气象卫星的扫描仪、通信卫星的天线，都必须始终对着地球。而卫星是在失重的环境下飞行的，如果不对它进行控制的话，各种阻力和干扰力会使它乱翻跟头。为了保证各种仪器设备能够正常工作，必须对卫星进行控制，使它保持一定的姿态。

对卫星的姿态控制可分为两类：一类是保持姿态不变；另一类是进行姿态变动，把卫星从一种姿态变换成另一种姿态。姿态控制方式有被动式

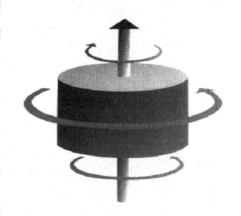

自旋稳定卫星示意图

和主动式两种。被动式主要有自旋稳定和重力梯度稳定等。主动式则有飞轮控制和喷气控制，可对卫星进行三轴稳定控制，精度较高。目前，先进的卫星大都采用三轴姿态稳定方式来控制。

什么是自旋稳定呢？如果我们将一个小陀螺放在光滑的地面上，使它高速旋转。小陀螺仅以一点与地面接触，就可以平衡地直立在地面。这说明了一个道理：高速旋转可以保持物体的转轴方向不变。根据这个原理，在卫星进入轨道时，让它高速旋转起来，卫星的自转轴在空间的指向将保持不变，从而使卫星的姿态得到了控制。这种简单

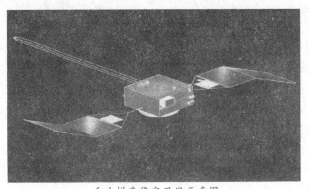

重力梯度稳定卫星示意图

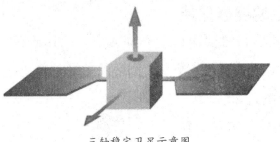

三轴稳定卫星示意图

可靠的办法，称为卫星自旋稳定姿态控制。

什么是重力梯度稳定呢？就是利用卫星绕地球飞行时，在距离地球不同的各个部位受到的引力不等而产生的力矩（重力梯度力矩）来稳定。例如，在卫星上装一个伸杆，卫星进入轨道后，让它向上伸出。伸出去后其顶端就比卫星的其他部分离地球远，因而所受的引力较小。而它的另一端离地球近，所受的引力较大。这样所形成的引力之差对卫星的质心形成一个恢复力矩。如果卫星的姿态（伸杆）偏离了，这个力矩就可使它恢复到原来姿态。

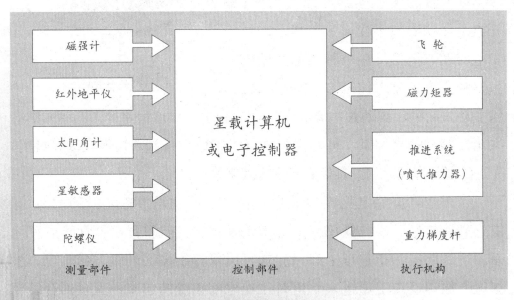

卫星的姿态控制系统

那什么又是三轴稳定呢？对地观测卫星要求它的三个轴相对于地球稳定。在卫星的三个轴上分别安装喷管，就可以适时、适量地通过喷气调整卫星姿态，也可以在卫星的轴向上安装飞轮，用来控制卫星的姿态。

卫星的姿态控制系统主要由测量部件、控制部件和执行机构相互配合完成任务。测量部件相当于"眼睛"，测量卫星的姿态和转动速度；控制部件相当于"大脑"，对测得的参数进行分析、判断、计算和处理，发出相应的指令；执行机构相当于"手"和"脚"，根据控制指令执行动作，调整卫星的姿态。

卫星的轨道控制

人造卫星是按预定的轨道运行的。卫星运行轨道是一条条围绕地球的封闭曲线，轨道平面均通过地球球心。它与地球赤道平面的夹角称为轨道倾角。

卫星的运行轨道有无数条。按形状分，有圆形与椭圆形轨道；按与

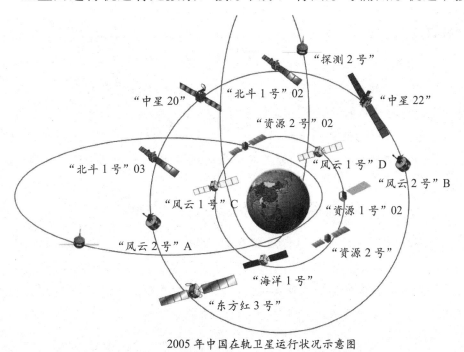

"探测2号"
"中星20"
"北斗1号"02
"中星22"
"资源2号"02
"北斗1号"03
"风云1号"D
"风云2号"B
"风云1号"C
"资源1号"02
"风云2号"A
"资源2号"
"海洋1号"
"东方红3号"

2005 年中国在轨卫星运行状况示意图

地面距离分，有低轨道（500 千米以下）、中轨道（500 千米～2000 千米）和高轨道（2000 千米以上）；按卫星飞行方向分，有与地球自旋方向相同的顺行轨道（倾角小于 90°）和与地球自旋方向相反的逆行轨道（倾角大于 90°）；有通过地球南北两极的极地轨道；还有运行周期与地球自转周期相同的地球同步轨道，其特例是地球静止轨道。

中国卫星根据任务需要，运行轨道有近圆轨道、大椭圆轨道、极地轨道、太阳同步轨道和地球静止轨道等。

为了保证在预定轨道上运行，卫星都设有轨道控制装置。这些装置有气瓶、贮箱、各类气液阀门、推力器及压力传感器等部件。它们合称为轨道控制分系统，简称推进系统。

卫星推进系统主要有两项任务。一是卫星轨道转移，就是让卫星从一个自由飞行段的轨道转移到另一个自由飞行段的轨道。前后两个轨道可以在一个平面内，也可以在不同平面内。这常用于初始轨道的校正、地球同步卫星的轨道转移、地球静止卫星的定点和站址变化等。另一个

46

知识链接

太阳同步轨道

太阳同步轨道卫星的轨道平面和太阳始终保持相对固定的取向。其轨道平面绕地球自转轴旋转，且旋转的方向与地球公转方向相同。在太阳同步轨道上运行的卫星，以相同方向经过同一纬度的当地时间是相同的。因此，气象卫星、资源卫星和侦察卫星等对地观察卫星，一般选用这种轨道。

地球同步轨道和地球静止轨道

地球同步轨道卫星的运行周期为 23 小时 56 分 04 秒，与地球的自转周期相同。当地球同步轨道平面与地球赤道平面重合，又是一个圆形轨道时，称为地球静止轨道。从地面上看，在地球静止轨道上运行的卫星是静止不动的。地球同步轨道有无数条，而地球静止轨道只有一条，它是地球同步轨道的特例。人们常称的同步轨道一般指的就是地球静止轨道。

任务是卫星轨道保持，比如使通信、广播和气象卫星等地球静止卫星相对于地球的位置保持不变。

如今中国自行研制的卫星推进系统，已应用在各种不同型号、不同批次、不同用途的卫星上，实现了接近100%的成功率。

科学技术和环境探测卫星

中国的科学技术和环境探测卫星包括"长空1号"技术试验卫星、"实践"卫星系列和"探测"系列环境探测卫星。

"长空1号"

"长空"翱翔

1975年，"长空1号"技术试验卫星顺利升空。这是中国发射的第三颗卫星，也是中国首次发射1吨重的卫星。这颗卫星试验了好多新技术，比如第一台中国自制的中小集成电路的星载计算机，第一次成功实现卫星三轴姿态控制系统的试验等。

"实践"家族

1971年3月3日，中国第一颗科学探测与技术试验卫星"实践1号"发射成功。到2006年止，中国共发射了10颗"实践"系列卫星。"实践"卫星家族的任务是测量空间环境参数，掌握卫星所在太空环境的特征，检验卫星的姿态控制、热控制、太阳电池、测控和星载计算机等公用平台技术。

1981年9月20日，中国"风暴1号"火箭首次用一枚火箭发射三颗卫星。这一组卫星是"实践2号"、"实践2号"甲、"实践2号"乙。"实践2号"

"实践2号"　　　　　　"实践2号"甲　　　　　　"实践2号"乙

为主星,是一颗空间物理科学实验卫星。它重257千克,外形为八面棱柱体。它有磁强计等11种探测器,可以探测太阳风和测量高空大气密度,主要用于探测地球周围近空与高空的带电粒子、大气红外与紫外辐射、大气

知识链接

卫星的电源系统

卫星的电源大都采用太阳电池和化学电池,还有的采用核电池。

太阳电池常贴在卫星体表或太阳帆板上。发射时,太阳帆板可以折叠起来,藏在火箭的整流罩中,到了天上会自动伸展开来。阳光照在电池板表面时,这个"发电站"就开始供电了。一部分电按需分配,另一部分电先储存在蓄电池中,待卫星飞进地球阴影时,再给星上仪器设备供电。

卫星的温度控制

卫星内的温度必须控制在适当的范围内,使各种仪器设备能够正常工作。温度控制方法有被动式和主动式两种。被动式就像人的衣服可以加减一样,遇热减少吸收热量,增加散热;遇冷则降低散热并加温。主动式则是在仪器内添加电热器或在卫星体背阳面开百叶窗。

百叶窗调温效率高,简单可靠,且不消耗卫星上的能源,得到了广泛的应用。当卫星内温度在要求范围内时,叶片关闭。叶片的外表面涂有隔热性能良好的涂层,可阻止热量外泄。当卫星内部温度超过要求的范围时,热敏感器受热膨胀,打开叶片,露出底板。底板表面有高反射性能的涂层,向空间散发热量。等卫星内的温度降低到适当程度时,热敏感器冷缩,驱动叶片关闭。

高空密度、太阳质子、紫外与 X 射线数据。

　　"实践 2 号"卫星上还采用了一系列新技术：一是用自旋稳定并整星对日定向的姿态控制方式，使卫星顶面和太阳帆板始终对准太阳，并采用太阳电池和化学电池作为卫星的电源；二是使用了多扇百叶窗调节整星温度；三是采用了跟踪、遥测合用的统一系统，减少了星载无线电测控系统的质量、体积和功耗。

双星共探

　　为了探测太空环境条件对卫星的影响，中国发射了"探测 1 号"和"探测 2 号"两颗卫星。

　　2003 年 12 月 30 日发射的"探测 1 号"卫星是颗赤道卫星。其运行的赤道地区是探测空间磁暴的关键区域，也是监视地球空间环境的典型位置。这个区域空间环境恶劣，卫星运行过程中经常要穿越磁暴和辐射带。2004 年 7 月 25 日发射的"探测 2 号"卫星是极地轨道卫星。它与"探测 1 号"双星共探，并携手欧洲航天局已经在轨的 4 颗探测卫星，实现了人类历史上第一次对地球空间的 6 点立体探测。

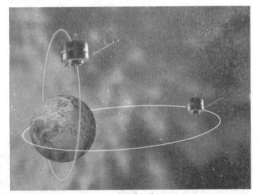

双星轨道

"探测 1 号"

"探测 2 号"

对地观察卫星

对地观察卫星根据用途分为返回式卫星、气象卫星、资源卫星、海洋卫星等。它们对国民经济、国家安全以及人们的日常生活都起着巨大的作用。

遥看千河的返回式卫星

1975 年 11 月 26 日，中国第一颗返回式卫星发射成功。在轨道上运行了 3 天后，它按预定时间返回了祖国大地。它的运行轨道为：近地点 173 千米，远地点 483 千米，倾角 63°，轨道周期 91 分钟。它由仪器舱和返回舱组成，质量为 1790 千克。它巡游太空期间对中国国土进行了普查。

目前，中国研制出了三种型号用于国土普查的返回式遥感卫星，共进行了 23 次发射。这三种型号分别是 0 号 (FWS-0) 第一代国土普查卫星、1 号 (FWS-1) 摄影测绘卫星和 2 号 (FWS-2) 第二代国土普查卫星。

FWS-0 和 FWS-1 的外形很都像羽毛球。它们最大直径为 2200 毫米，总长 3144 毫米。0 号分为仪器舱和回收舱两个舱，有 11 个分系统。1 号

FWS-0

FWS-2

和 2 号则增加了压力控制分系统。FWS-2 的外形相当于在 0 号和 1 号底部增加一个高 1500 毫米、直径 2200 毫米的圆柱段，其总长有 4644 毫米。

三种型号卫星的有效载荷都是胶片型可见光遥感相机。卫星发射前装有一定数量的胶片，入轨后通过星上的程序控制装置或地面遥控，使相机开机照相，并按计划地在摄影区域获取地物目标信息。卫星完成摄影任务后，返回舱脱离运行轨道，带着摄影胶片返回地面。

返回式卫星带回了大量遥感数据和照片。它们所拍摄的每幅遥感照片覆盖的地表面积可达 32×103 平方千米（相当于 2 个北京市的面积）。这些照片比例尺大，图像清晰，视野宽阔，分辨率高。

知识链接

遥感与遥感卫星

遥感是一门综合性的远距离探测技术。宇宙中的万物都在反射和发射电磁波，不同物质与不同状态，反射与发射的电磁波都各不相同。遥感仪能远距离感受这种电磁波的特性。人们将这种遥感信息同事先贮存的不同物质的电磁波特性进行比较，就能知道探测物质的种类和状态了。比如，根据地球资源卫星拍摄的农作物照片，同样片进行比较，就可识别出作物的种类、长势，并估计产量了。

遥感一般可分为可见光遥感、红外遥感和微波遥感。其最主要的特点就是覆盖范围宽、频率快、信息量大。人的肉眼观察事物，一般都是从前后左右 4 个方向进行，但目前遥感已经能从 200 多个角度观察一个物体。

遥感卫星就是对地球和大气的各种特征和现象进行遥感观测的人造地球卫星，它包括气象卫星、地球资源卫星、海洋观测卫星、环境监测卫星和侦察卫星等。遥感卫星一般从 500 千米～900 千米高度，利用遥感器收集地球或大气目标辐射或反射的电磁波信息，并记录下来，由信息、传输设备发送回地面进行处理和加工，判读地球环境、资源和景物等信息。

卫星拍摄的照片广泛应用于国土普查、地质调查、水利建设、石油勘探、地图测绘、环境监测、地震预报、铁路选线、考古研究等许多领域。例如：地质专家利用卫星拍摄的照片，绘制出 1:50 000 到 1:200 000 的地质图。如果人工测绘，大约需 30 个人花 6 年时间才能完成；而利用卫星照片，一个人 3 天左右就初步完成了。

返回式卫星还搭载科学试验，包括各种空间生命科学实验、空间材料加工实验、诱变育种试验和应用技术试验等。1987—1996 年，中国用返回式卫星进行了 8 次，计 300 多个品种的农作物种子微重力搭载试验。这对培育新型良种、提高农作物产量和质量起到了积极的推动作用。"特优航 1 号"杂交水稻、"宇椒 1 号"青椒、"航天芝麻 1 号"等许多优质高产的品种已大面积推广。在 1992 国际空间年进行的全国青少年卫星搭载番茄种子对比种植实验活动中，大陆和港澳台 137 名中小学生分种的 6 千克"中杂 4 号"番茄种子，便是由中国第 14 颗返回式卫星搭载上天的。

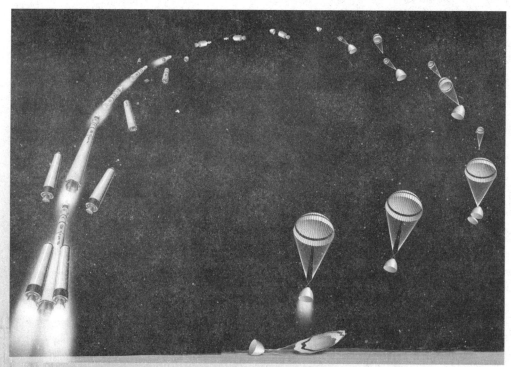

卫星返回和回收过程示意图

叱咤"风云"的气象卫星

气象卫星主要用于洞察全球天象，监测全球天气变化，从而进行长期天气预报。它能捕捉到温带气旋、暴雨云团、赤道辐射带和台风等天气系统的高质量图像，还能指出地形地貌特征、海面温度、海雾、植被、洪水和积雪等地面情况，对工农业生产、航空、航海、森林防火、环境监测和军事应用等都发挥了巨大的作用。

从1988年首次成功发射以来，中国先后成功发射了4颗极地轨道气象卫星和3颗静止气象卫星，经历了从极轨到静止，从试验到业务卫星的发展史。

1988年9月7日，中国首次发射成功极地轨道气象卫星"风云1号"A星。卫星采用三轴稳定方式，装有两台5通道可见光和红外扫描辐射仪，扫描宽度达3000千米。它准确进入了近圆形的太阳同步轨道，并于当天就向卫星地面站发回了气象信息。从此，中国成为世界上第三个能自行研制与发射太阳同步轨道气象卫星的国家。

1993年，"风云1号"B星升空。它增加了红外通道的防污染措施，大大提高了云图质量。其红外云图与当时国际先进的同类卫星相当。

1999年5月10日发射的"风云1号"C星是新一代太阳同步轨道气象卫星，在性能上作了较大改进，已被列入世界气象业务应用卫星的序列。2005年5月15日，"风云1号"D星发射成功。"风云1号"C星和"风云1号"D星实现了极轨气象卫星双星运行业务，是中国航天史上寿命最长、效

"风云1号"

益最好、应用范围最广的太阳同步轨道气象卫星。

1997年6月10日，中国发射成功第一颗试验型"风云2号"静止气象卫星A星，成为继美国、俄罗斯后第三个同时拥有太阳同步轨道气象卫星和静止气象卫星的国家。

"风云2号"

2004年10月19日发射成功的"风云2号"C星，技术性能达到了国际新一代同类气象卫星的水平。

"风云2号"是一个直径2.1米、高1.6米的圆柱体，包括天线在内总高度为3.1米、重约600千克，卫星姿态为自旋稳定，定点在东经105°的赤道上空。它坐天36 000千米高空，观地1.63亿平方千米面积，处在观测中国大陆和海区的最佳位置。它时刻监测着来自青藏高原、孟加拉湾和阿拉伯海等对中国产生主要影响的天气系统，填补了中国西部、西亚和印度洋区域大范围的资料空白。它昼夜观察着地球天气变化，能实时获取中国及周边地区可见光、红外云图和水汽分布图，收集和转发气象、海洋和水文等环境监测资料……

"风云2号"每半小时获取一幅覆盖1/3地球的全景原始云图。从可见光通道可获得白天的云层和地表反射的太阳辐射信息，从红外通道可得到昼夜云层和地表发射的红外辐射信息，从水汽通道能获取对流层中、上部大气中水汽分布的情况。C星的扫描辐射计增加到5个通道，使卫星多了两只"眼睛"，提高了遥感器的光谱范围和海面水温的探测精度，对降水的预报更准确。它还用专门的光谱通道来观察地面高温源，能及时发现森林大火，检测火灾的发展情况和走势，精确地算出云层离地面的距离。

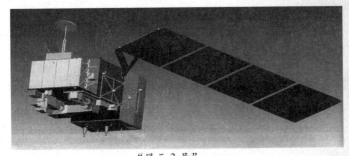

"风云 3 号"

2006 年 12 月 8 日，中国在西昌卫星发射中心用"长征 3 号"甲运载火箭，成功地将"风云 2 号"D 气象卫星送入预定轨道。

"风云 2 号"D 气象卫星每天可获取 28 幅或 48 幅云图。它既可以作为 C 星的在轨备份星，也可以根据需要与 C 星配合，进行立体业务观测，大大增强中国气象卫星在轨连续、稳定运行的可靠性，并可提高海表水温的探测精度和降水预报的准确度，有利于更好地防灾减灾和监测气候变化。

2008 年 5 月 27 日，中国成功发射新一代极轨气象卫星"风云 3 号"。该星搭载了更多种类的遥感仪器，可探测到更广区域气象参数，空间分辨率更加精确。它的最高空间分辨率可达到 250 米。它为北京奥运会提供了气象服务，并被世界气象组织纳入新一代世界极轨气象卫星网。

气象卫星把观测到的信号转换成电信号后，通过卫星转发器传送到北京东北旺的气象卫星指令与数据接收站，再由地面站传送到国家卫星

知识链接

分布全球的气象卫星

美、俄、中、日、欧等各国的气象卫星分布于全球的不同轨道高度。其中，美国、俄罗斯与中国既拥有极地轨道气象卫星，又有地球静止轨道卫星。由于中国卫星在轨运行的稳定性和获取数据的准确性，世界气象组织于 2000 年 8 月正式将"风云 1 号"C 星列入世界业务极轨气象卫星的行列，为世界各国免费提供气象资料。美国及欧洲、亚洲的多个国家都建立了"风云 1 号"C、D 星的数据接收系统和相应的数据处理与应用系统。中国的极轨气象卫星正在为世界灾害监测、环境变化研究作出巨大的贡献。

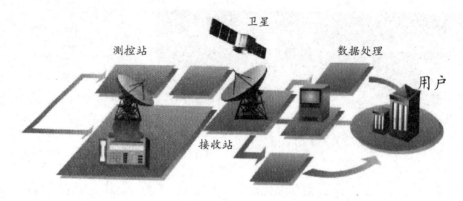

气象卫星指令与数据接收站

气象中心的数据处理中心。它是中国自行研制的第一套大型气象卫星地面站，是继美国、日本和欧洲之后第四个具有国际先进水平的地面站。它集卫星遥感图像接收与实时处理、多种云图广播与数据通信及对卫星测控于一体。

巡天探宝的资源卫星

世界上第一颗资源卫星是美国的"陆地1号"，它于1972年升空，现已发射"陆地7号"卫星。欧洲也发射了"斯普特号"资源卫星。

"资源1号"卫星是中国与巴西联合研制的三轴稳定、太阳同步轨道卫星，达到了20世纪90年代的国际水平。1999年发射第一颗，2003年10月发射第二颗。此外，中国还于2000年9月1日、2002年10月27日、2004年11月6日分别发射了3颗"资源2号"卫星，使中国对地探测技

"陆地7号"

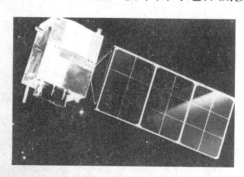

"资源1号"

术又上了一个新台阶。

"资源1号"卫星总质量为1540千克，星体为长方体，采用单翼太阳电池阵。星上三种遥感相机可昼夜观察地球，利用高速率数码传感系统将获取的数据传输回地面接收站，经加工、处理成各种图片，供各类用户使用。它对地观察范围大、数据信息收集快，特别有利于动态和快速观察地面信息。其数据已经在环境调查与监测、城市规划和水利调查中得到切实应用，为中国的环境监测、防灾减灾和国土资源综合调查等方面的研究项目提供了关键性的科学依据。

蛟龙探海的海洋卫星

海洋卫星有三类。一是海洋水色卫星，用于探测叶绿素浓度、悬浮泥沙含量、浅海水下地形、海水污染和海流信息等。例如1997年8月入轨的美国"海星"卫星。二是海洋地形卫星，主要探测海洋水色、海平面高度的空间分布、海面风速、海流等，可用于地球物理、海洋灾害预报和海底油气资源勘探开发等。例如1992年8月升空的美国的GFO海洋地形探测卫星。三是海洋动力环境卫星，可提供全天时、全天候的海况实时监测资料，获得海面风场、浪场、海洋污染、波向、海温等方面的信息。例如欧洲航天局在20世纪90年代发射的ERS-1、ERS-2卫星。

2002年5月15日，中国"海洋1号"卫星升空。它是一颗三轴稳定，轨道高度为798千米的准太阳同步轨道试验型应用卫星。它的质量约365千克，本体长1.2米、宽1.1米，太阳电池阵展开

美国发射的世界第一颗海洋卫星

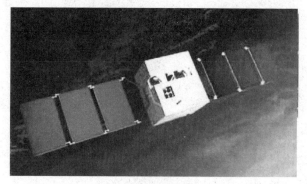

"海洋1号"

后跨度为 7.529 米。其主要设备包括：一台海洋水色扫描仪，一台 CCD 相机和一套 X 波段数据传输系统。它主要用于海洋水色、水温环境要素探测。它在海洋生物资源开发利用、河口港湾的建设和治理、海洋污染监测和防治、海岸资源调查和开发以及全球环境变化研究等领域有着广泛的用途。

通信卫星

通信卫星一般在 36 000 千米赤道上空的地球静止轨道上运行。三个卫星组网就可覆盖全球通信，地球赤道上空大约每度可分布一个卫星。有少数卫星在 20 000 千米以上的椭圆轨道上运行，还有些移动通信卫星在 1000 千米上下的轨道上组成星座。通信卫星的种类很多。按轨道分有静止轨道通信卫星、非静止轨道通信卫星，

"东方红 2 号"甲

按用途分有广播电视直播卫星、跟踪与数据中继卫星、海事卫星和军用通信卫星等。人们将天上翱翔的通信卫星群和地面上的光纤通信网相结合，就构成了一条天地一体化的全球信息高速公路。它是全球通信的最佳途径。

万里传音

1984 年 4 月，"东方红 2 号"实验通信卫星发射入轨。张爱萍将军与

"东方红 3 号"

新疆军区政委王恩茂在第一时间进行了通话实验。

1986 年 2 月，"东方红 2 号"甲实用通信卫星入轨。它将"东方红 2 号"的全向波束喇叭型天线改为定向波束抛物面型天线，从而能比较集中地指向中国大地，使电话通路数目增加一倍，性能显著提高。

1997 年 5 月 12 日发射的"东方红 3 号"通信广播卫星，是中国研制的一种中容量广播通信卫星。卫星的本体为双翼六面体，双翼展开后长度为 18 米，重 2260 千克，采用三轴稳定姿态控制系统。它有 24 个 C 波段转发器、6 个电视和 18 个通信传输信道，可传输 6 套彩色电视节目和

59

知识链接

张爱萍

张爱萍 (1910—2003)，无产阶级革命家、军事家。1928 年 8 月加入中国共产党，1929 年 12 月参加中国工农红军，1995 年被授予上将军衔，曾获一级八一勋章、一级独立自由勋章、一级解放勋章、一级红星功勋荣誉章。

张爱萍是中国国防科技事业的杰出领导者。1959 年 9 月起，担任国防科委副主任、国防工业办公室副主任等，

张爱萍

主持国防科技、装备和国防工业工作，后任国务院副总理、国务委员兼国防部长、中央军委副总参谋长兼国防科学技术委员会主任。他组织领导了"两弹一星"大协作、大会战，先后 4 次担任核试验委员会主任委员、现场试验总指挥，成功地组织了中国第一代地地导弹，首次原子弹塔爆、空爆，第三次原子弹爆炸试验，中国第一颗返回式卫星，中国第一颗洲际导弹的发射等。他为国防建设和我军革命化、现代化、正规化建设，特别是国防科技和武器装备建设，作出了重大贡献。

5000 路电话或电报、传真、数据信号，工作寿命为 8 年。

那卫星电视广播是怎样工作的呢？电视台通过卫星地面发射站，用定向天线向太空中的卫星发射电视节目信号 (上行频率为 f1)。卫星转发器将接收到的电视节目信号经过放大、变换等一系列处理，再用下行频率 (f2) 向地面服务区转发。服务区内的地面卫星接收站接收到电视节目后，传输到电视台，然后再通过有线电视线路送到千家万户。"东方红 3 号"上的每个转发器可以转发一套模拟电视节目或 4 ～ 8 套经数字视频压缩的电视节目。

"村村通" 民心工程

1998 年以前，中国的卫星电视广播主要面向城市地区。1998 年，中国 3 亿 2000 多万户家庭中，有线电视用户只有 7000 多万户。在 73 万个行政村中，约有 9 万个村听不到广播，10 万个村看不到电视。信息的缺乏制约着这些地区的人民群众摆脱贫困。

为了扩大广播电视的覆盖面，国家广播电影电视总局 1999 年元旦

通讯卫星工作示意图

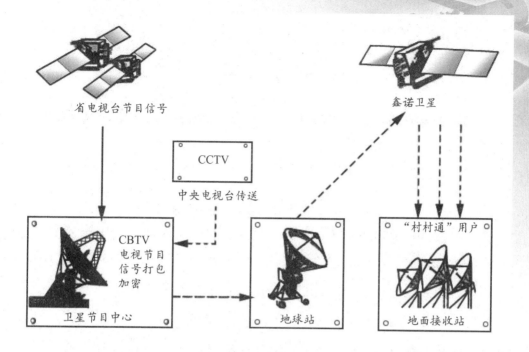

省电视台节目信号

鑫诺卫星

CCTV

中央电视台传送

CBTV
电视节目
信号打包
加密

卫星节目中心

地球站

"村村通"用户

地面接收站

"村村通"示意图

成功启动卫星直播到户第一期工程——"村村通"工程。用"鑫诺1号"通信卫星的一个 Ku 频段转发器作试验，用数字压缩方式向全国直播8套中央电视台节目和8套广播节目。同年10月1日起，用"鑫诺1号"卫星的4个 Ku 转发器，向全国传送中央电视台和所有省市地方电视台的45套电视节目和多套广播节目，各地用户使用0.45～0.7米天线即可接收到上述广播电视节目了。

2007年5月，中国为尼日利亚研制发射的尼日利亚通信卫星1号，使用了中国新研制的"东方红4号"通信广播卫星平台。它具有输出功率大、承载能力强、服务寿命长等特点，载有4个频段28个转发器，采用三轴稳定方式，在轨服务寿命15年。此项成果表明中国通信卫星的整体性能已达到了国际同类通信卫星的先进水平。

"东方红4号"

导航卫星

指南针是中国古代四大发明之一。21 世纪的今天，中国又研制出当代指南针——"北斗 1 号"导航卫星。

"北斗 1 号"导航卫星音

2000 年 10 月 31 日、12 月 21 日，2003 年 5 月 25 日，中国先后成功地将 3 颗"北斗 1 号"导航定位卫星送入地球静止轨道，其中两颗为工作星，一颗为轨道备份星，设计寿命为 8 年。这是一个能全天候、全天时提供卫星导航信息的区域性导航系统。该系统的建成，使中国在较短的时间内，以较少的投资解决了中国导航卫星的有无问题。北斗导航卫星具有快速定位、双向短信息通信和精确授时三大功能，可在中国及周边地区为单兵、车辆、舰船和直升机等用户提供精度为 20～100 米的定位服务，能广泛用于交通运输、海上作业、物流管理、森林防火、灾害预报、气象、石油、海洋、通信、公安以及其他特殊行业。

2007 年 2 月 3 日、4 月 14 日，中国又先后发射了两颗"北斗 1 号"导航卫星，开始了中国新一代北斗导航系统的建设。新一代北斗导

"北斗 1 号"

拥挤的地球静止轨道

　　太空是全人类的宝贵资源。卫星的轨道有无数条，但是位于地球赤道上空35 786千米圆形轨道上的地球静止轨道只有一条。它是通信、气象、导航、预警等卫星的最佳轨道，很多种卫星都要在上面安营扎寨，所以这个空间资源也就显得更加宝贵。这条轨道长24.5万千米。一颗卫星的直径只有几米，似乎应该能够容纳足够数量的卫星在此工作。但是，卫星必须始终与地面保持联系，以便传送和接收无线电信号。如果相互间离得过近，就会产生干扰而妨碍工作。因此，卫星之间必须相隔一定的距离。目前，国际上规定这个距离为1400千米。这样，地球静止轨道上的星位就只有200个，其中许多还位于大洋上空，使用价值不大。为了尽可能地提高轨道利用率，人们在同一星位上安排几颗工作频率不同的卫星一起工作。尽管如此，轨道上还是"星满为患"。现在，拥挤的地球静止轨道上有700多颗卫星，其中正在工作的约200颗。到2010年左右，该轨道上的卫星总数将达到1000颗。

航系统由5颗静止轨道卫星和30颗非静止轨道卫星组成。它是个无源导航系统，工作更安全，定位精度为10米，授时精度为50纳秒，测速精度为0.2米/秒。中国导航定位系统将向着全球定位、卫星长期自主工作、星间链路、高定位精度、强抗干扰能力等方向发展。

卫星导航的应用

　　如今，导航卫星已经成为舰船、车辆、飞机、导弹、火箭和航天器的导航定位工具。例如，在伊拉克战争中，美国的大多导弹上都装了GPS系统。这使导弹在飞行过程中能不断地测定位置并通过计算机同原先装订的位置进行比较，不断修正飞行路线，因而能精确地击中目标。美军的每辆坦克上也装了GPS，不仅随时都能知道自己所在的位置，还能知道同伴的位置，因而即使在黑夜也能顺利地前进。

运动型 GPS

此外，导航卫星还为道路、桥梁勘测和城市规划设计提供测量基准点。上海建造 32 千米长的东海大桥，要在茫茫的大海中打 8000 多根桩子，靠常规仪器定位，既缓慢误差也大，而依靠 7 颗卫星配合常规测量仪定位，在一年多的时间内，就全部完成了桥桩的定位与打桩任务，保证了大桥建设的如期完成。

1993 年 9 月，中国国家测绘局和意大利科学院派出登山运动员，对世界第一

知识链接

导航卫星星座

世界上导航卫星星座有美国全球卫星导航系统 (简称 GPS)、俄罗斯的 GLONASS、中国的"北斗"系统以及欧盟即将组网的伽利略计划。

GPS 系统由空间系统、地面控制系统和用户设备三大部分组成。空间系统由 21 颗工作星、3 颗备用星组成，均匀地分布在地球上空 20 200 千米的 6 条轨道上。它可以保证用户在地球上任何角落、任何时间，都能同时收到 4 颗卫星的信息，从而确定用户的位置。

GPS 系统具有高精度、全天候、能覆盖全球和用户设备简便等优点，可为舰船、飞机、导弹、卫星和地面部队提供精确的位置、速度和时间信息。GPS 于 1993 年投入运营以来，在民用事业中也得到了广泛应用，已成为车辆导航、交通管理、物流、救助、安防等必不可少的通信手段。

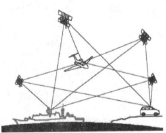

用户同时接收 4 颗卫星信号

24 颗星分布于 6 条轨道

高峰——珠穆朗玛峰的高度进行了复测。这次复测首次采用了 GPS 卫星定位和激光测距等现代技术，其误差仅为 0.2～0.3 米。

导航卫星在交通管理、预防打击犯罪、金融、海关等公共安全领域的应用也越来越广泛，面向个人的终端服务也开始流行，不少人的私家车里已经装上了 GPS。

微小卫星

未来的卫星怎样发展？它很可能个头越来越大，结构越来越复杂，功能越来越多，质量在几吨以上。它也可能变得越来越小，质量只有几百或几十千克，甚至只有几千克，小到可以置于掌上。随着微电子技术的发展，特别是近年来以微型机电系统和微型光机电系统为代表的微米／纳米技术的发展，使微型卫星、纳型卫星和皮型卫星等微小卫星的实现也成为了可能。

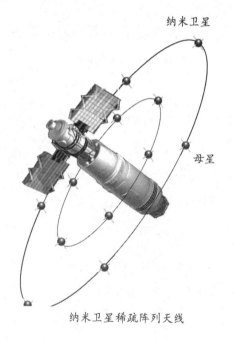

纳米卫星稀疏阵列天线

微小卫星成本低、体积小、技术含量高，组成星座后可以代替集中的大卫星。

"创新 1 号"

它的抗毁能力强，可随时补充，对用户需求能做出快速反应。而且，此类卫星研制周期短，可以大批量生产，能够快速、机动、批量发射，在军事、民用方面都有很大的应用前景。

中国的微小卫星

1999 年 5 月 10 日，"实践 5 号"科学试验小型卫星发射入轨。2002 年 5 月 15 日，"海洋 1 号"小卫星升空。自 1970 年以来，中国已有 12 颗小卫星进入太空。

"航天清华 1 号"是清华大学与英国萨瑞大学联合研制的一个微型卫星，于 2000 年 6 月 28 日，搭乘俄罗斯运载火箭进入太空。它的质量只有 50 千克。它主要用于环境和灾害监测、民用特种通信、科普教育等方面，将成为中国"8 颗星减灾预报系统"中的一颗示范卫星。

"创新 1 号"由中国科学院上海小卫星工程部研制，2003 年 10 月 21 日由"长征 4 号"乙运载火箭发射升空。"创新 1 号"的质量为 88.8 千克。它是中国独立研制的第一颗微型卫星，主要任务是短数据存储转发通信。

纳型卫星通常是指质量小于 10 千克、具有实际使用功能的卫星。航天清华卫星技术有限公司制造的中国首颗纳型卫星——"纳星 1 号"于 2004 年 4 月 18 日已成功发射。

"纳星 1 号"

中国台湾地区的皮型卫星

皮型卫星是指质量小于 1 千克的微小卫星。中国的台湾地区曾同美国等合作研制过此类卫星，并由美国运载火箭发射升空。

三、载人航天

国对载人航天的尝试，是从 30 多年前开始的。1971 年的 4 月，在北京京西宾馆里，聚集了全国 80 多个单位的 400 多名专家和学者。他们正在讨论中国未来的飞船应该是什么模样？尽管会场外面刮着凛冽的寒风，但会场内却让人感到一股春天般的暖意。人们期待在苏联和美国之后，中国飞船的诞生。

会议结束之前，代表们还兴致勃勃地品尝了北京航天医学工程研究所研制的航天食品，有高热量的巧克力、压缩饼干、美味的鸡汤和牙膏状的鸡蛋炒饭。这可都是正宗的中国风味呀！大家边吃边议，兴奋激动，情绪高昂，都准备会后大干一场，为祖国的第一艘飞船早日上天出一份力。

由于时值 1971 年 4 月，便有了"714 工程"的代号，大家还为未来的飞船起了个非常动听的名字——"曙光 1 号"。

由于当时中国经济基础薄弱、科技水平低下等原因，1975 年中央

"曙光1号"飞船

　　"曙光1号"飞船是20世纪70年代初"714工程"上马后所设计的一种飞船模型。它类似当时较先进的美国第二代"双子星座号"飞船，外形像个倒扣的大漏斗，由座舱和设备舱组成。座舱里放置两名航天员乘坐的弹射座椅，并有仪表、无线电通信设备、控制设备、废物处理装置，还配有食物、水和降落伞等，设备舱里有制动发动机、变轨发动机、燃料箱、电源设备和通信设备等。

"双子星座号"

不得不决定"714工程"下马，但"曙光1号"却给中国的载人航天带来了曙光。

从"863计划"到"921工程"

　　1985年初，著名科学家王大珩、王淦昌、杨家墀和陈芳允4人联合向中央上书，提出要发展中国全局性的高技术，这就是后来著名的"863计划"。该计划包括生物、航天、信息、先进防御、自动化、能源和新材料七大领域，它对中国第二轮载人航天起到了直接的催化作用。邓小平高瞻远瞩，对此立即批示："此事宜速作决断，不可拖延。"

　　为了慎重起见，各路专家对载人航天进行了方案论证，其间出现了两大发展途径的激烈争论。一种主张从搞飞船入手。因为飞船既可搭乘航天员，又可向空间站运输物资，还可作为空间站轨道救生艇用，且所需费用较低，符合中国的国情。在安全可靠方面，飞船更具有明显优势。另外，飞船技术较简单，生产成本低，生产周期短。另一种主张一步到位搞航天飞机。理由是发展中国载人航天应当有个高起点。航天飞机集

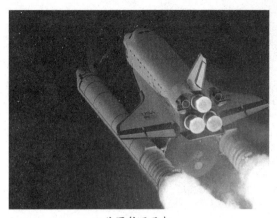
美国航天飞机

火箭、卫星和飞机的优点于一身，无论从技术发展的角度，还是从航天飞机可重复使用的性能方面来看，它都代表了国际航天发展的潮流。且从长远来讲，多次重复使用也是比较经济划算的。

专家们经过周密详尽的讨论后认为，中国航天在运载火箭和应用卫星方面，拥有相当坚实的技术基础和丰富的经验，在借鉴外国研制飞船的经验的基础上，中国完全可以在较短时间内研制出最先进的第三代飞船——多人三舱式载人飞船。最后，几乎所有专家们都一致同意，中国载人航天应当从飞船开始。

1992 年 9 月 21 日，党中央决定启动"921 工程"，从飞船起步，像当年建设"两弹一星"一样去建设中国的载人航天。

创造出自己的特色

载人航天工程是中国航天发展史上规模最大、系统组成最复杂、技术要求最高、难度最大的工程。我们究竟应当走什么样的发展道路呢？

一条路就是和苏联、美国当年一样，踏着他们的脚印走下去。但这样，我们将永远跟着并落后于他们。另一条路，就是迎头赶超，瞄准当前世界的先进水平，一步到位，跨越 40 年。

中国航天人选择了后者。中国的飞船，不仅起点要高，还要高质量、高效益、低成本，在用途和效益上都超过俄罗斯的"联盟号"飞船。

我们的"神舟"飞船巧用了轨道舱，把它留在太空如同一颗在轨卫星一样，进行对地观测和空间试验，使它变废为宝。不仅如此，在

"联盟号"

今后，留在太空中的这个轨道舱，还可以用来做交会对接试验的目标飞行器，减少飞船的发射次数。而"联盟号"飞船的这个舱，则与返回舱一起返回时，在大气层内烧毁了。

此外，苏联和美国在航天员上天之前，先用动物做了实验，已经证明人完全能够适应太空环境。因而。我们就省略了相关步骤，先用科学仪器做试验，送个模拟人上天。这个模拟人可以吸入氧气、排出二氧化碳，能够检验整个飞船的空气环境。这是中国载人航天的又一大特色。

知识链接

世界载人航天大事记

- 1961.4.12　苏联航天员加加林乘"东方1号"飞船进入太空，用108分钟绕地球运行一圈后安全返回地面，成为第一位飞入太空的人类。

- 1962.2.20　美国航天员格伦乘"水星6号"飞船进入太空，绕地球3圈后在太平洋海面安全返回，成为美国第一位进入地球轨道的人。

- 1963.6.16　苏联女航天员捷列什科娃乘"东方6号"飞船，绕地球48圈后返回地面，成为世界上第一位进入太空的女航天员。

- 1965.3.18　苏联航天员列昂诺夫走出"上升2号"飞船的座舱，在离太空船5米处活动12分钟。这是人类第一次太空行走。

- 1969.7.21　美国的"阿波罗11号"飞船登陆月球。航天员阿姆斯特朗走下登月舱，成为第一个踏上月球的人类。

- 1971.4.19　苏联发射第一个载人空间站"礼炮1号"。之后，他们共发射了7个空间站，成功6个。

- 1973.5.14　美国发射"天空实验室"空间站。

- 1981.4.12　美国发射世界上第一架航天飞机"哥伦比亚号"。之后，美国共研制发射了5架航天飞机，其中2架已失事夭折。

- 1998.11.20　以美、俄为首的16个国家，开始联合建造国际空间站。

- 2003.10.15　中国发射"神舟5号"飞船，把航天员杨利伟送上太空，中国成为世界上第三个能够独立开展载人航天活动的国家。

载人飞船工程七大系统

载人航天工程是中国航天史上规模最大的跨世纪工程。参加研制的单位包括中国科学院的有关研究所、中国航天科技集团公司的运载火箭技术研究院、空间技术研究院和上海航天技术研究院、信息产业部的有关研究所和解放军总装备部的有关研究所。总共有110个研究院所和工厂直接承担了工程的研制建设任务，航空、船舶、兵器、机械、电子、化工、冶金、纺织、建筑等领域及有关省（市）自治区的3000多个单位承担了协作配套任务。

数十万人的共同参与，历时7年的艰苦努力，终于迎来了1999年"神舟"飞船的首次发射成功及2003年"神舟5号"飞船的载人飞天，为中国航天史写下了光辉的一页。

天上地下相互配合

讲起载人航天，光讲载人飞船是远远不够的。飞船的发射、运行和返回，离不开运载火箭、航天员的选拔与训练、载人航天发射场、航天测控网和返回着陆场等系统的支持与保障。所以中国的载人飞船工程，实际上包括航天员系统、飞船应用系统、载人飞船系统、运载火箭系统、

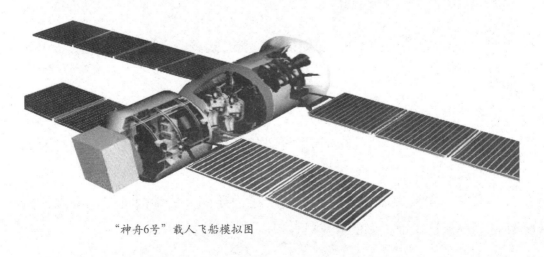

"神舟6号"载人飞船模拟图

发射场系统、测控通信系统、着陆场系统等七大系统。天上地下，不可分离。

　　航天员系统是个特殊的系统。它以航天员为中心，涉及到航天生命科学和航天医学工程等许多重要领域，是医学与工程相结合的复杂系统。

　　运载火箭的可靠性是保证飞船发射成功最主要的因素。火箭除了要有足够大的推力外，可靠性是必须首先保证的。在工程的实施过程中，要自始至终把"安全至上、可靠第一"的原则落实到各个组成部分，贯穿到论证、设计、研制、试验的全过程。

　　载人航天发射场，除应具有发射航天器的条件外，还必须更多地考虑人的安全问题。同样，着陆场应当方便搜索回收，及时营救航天员和

①航天员系统　　②飞船应用系统　　③运载火箭系统　④载人飞船系统

⑤发射场系统　　　　⑥测控通信系统　　　　⑦着陆场系统

中国载人航天工程七大系统

对返回舱内有效载荷进行处理。

　　应用系统的主要任务是利用飞船的空间实验支持能力，开展对地观测和环境监测，并进行一系列科学实验。

　　航天员乘坐飞船在太空飞行时，还需要强大的地面支持，依靠测控通信系统保持天地之间的经常性联系。

载人航天工程的总设计师——王永志

中国载人航天工程的总设计师王永志1932年出生于辽宁昌图。他毕业于清华大学航空系飞机制造专业，1955年到莫斯科航空学院学习。

廿世纪六七十年代，他作为技术骨干活跃在中国第一代战略导弹和运载火箭的研制队伍中，在提高导弹射程、实战使用性能和卫星运载能力等方面作出了重大贡献。20世纪80年代，他作为"长征2号"E大推力运载火箭的主要倡议者之一和总指挥，突破了捆绑、推进剂利用等关键技术，为火箭技术进入国际商业发射服务市场作出了突出贡献。

王永志与杨利伟

"863计划"开始后，王永志作为航天领域第一届专家委员会成员，参加了载人航天蓝图的制定。"921工程"上马后，他被任命为载人飞船的总设计师。

73

各国载人飞船性能一览表

国家	苏联	苏联	苏联（俄罗斯）	美国	美国	美国	中国
名称	"东方号"	"上升号"	"联盟号"（T、TM、TMA）	"水星号"	"双子星座号"	"阿波罗号"	"神舟号"
总重	4.7吨	5.5吨	6.8吨	1.3~1.8吨	3.2~3.8吨	4.6吨	7.8吨
舱段组成	2舱	2舱	3舱	1舱	2舱	1舱	3舱
返回舱重量	2.5吨	3.1吨	2.8~3.7吨	1.2吨	2.4吨	5.9吨	3.3吨
返回舱外形	球形	球形	钟形	倒锥形	倒锥形	圆锥形	钟形
乘员人数	1	3	2~3	1	2	3	1~3
开始研制年份	1957	1962	1962	1958	1958	1961	1992
载人飞行起止年份	1961-1963	1964-1965	1967至今	1962-1963	1963-1966	1968-1975	2003至今

起步虽晚但起点高

国外发射过载人飞船的国家只有俄罗斯和美国，他们各研制了三个系列的飞船，经历了由一舱、两舱到三舱的三代发展过程。

三舱一段一步到位

中国的"神舟"飞船一步到位为三舱一段结构。其前端是轨道舱，它具备独立的运行功能。位于后端的是推进舱，在完成任务后它进入大气层自毁。居中的是返回舱，它在完成任务后载着航天员返回预定的着陆场。"神舟"飞船最前端有一个附加段，上面设有对接机构，可以与空间站或其他航天器交会对接。此外，"神舟"飞船还有两对太阳能"翅膀"，分别安装在推进舱和轨道舱上，为飞船在太空中遨游提供动力。

"神舟"飞船返回舱的直径达到 2.5 米，超过了现在俄罗斯正在使用的直径为 2.2 米的"联盟号"飞船。因此，"神舟"飞船是当今世界上最大的飞船，航天员在飞船里可以更舒服地生活和工作。

知识链接

"联盟号"飞船

"联盟号"是俄罗斯（苏联）第三代载人飞船系列。它由轨道舱、返回舱和推进舱三舱组成，可乘坐三名航天员。它的最大直径 2.7 米，总长 7.5 米，重约 6.8 吨。它从 1967 年开始使用，之后改进型"联盟"T、"联盟"TM 相继出现。现正在使用的是"联盟"TMA，专门往返于地面与国际空间站之间。"联盟号"飞船系列至今总共发射约 90 艘。它除了能长期自主飞行外，还能与空间站对接，接送航天员和货物。"联盟号"飞船可靠性很高，是当前最优秀的飞船之一。

74

舒适的太空之"家"

"神舟"飞船在设计时就以人为本，努力为航天员营造一个舒适的"家"。要在仅有的6立方米的返回舱和轨道舱空间里，居住2～3名航天员，安装各种仪器设备，还要存放300多千克的物品，真是不容易啊！

医疗监测设备安装在返回舱座椅四周。在返回舱的服装小柜里，存

中国航天员在返回舱里

放着舱内航天服、抗噪音控制器、内衣、舱内工作服和睡袋等个人装备。飞船上还配备了足够的航天食品、储备食品及饮水包，还有航天员个人清洁卫生和防治疾病的医保用品。为航天员准备的救生物品也一应俱全，有救生手枪和生存刀等几十种东西。它们放在座椅间的地板上，以备返回地面发生意外时使用。飞船上还有为每位航天员配备的工作盒和摄像机。返回舱里还有特殊的冷储箱。航天员的排泄物、剃下的胡须及唾液等，都要收集放入冷藏起来，带回地面研究。舱中所有"家具"都是圆滑、没有棱角的，绝不会碰伤航天员。

千里挑一的天之骄子

要成为航天员并不是一件容易的事。苏联早期为挑选一名航天员走遍了全国，从3000多候选人中筛选出20名，最后只有6人成为首批队员，加加林就是其中之一。美国挑选航天员的条件也很苛刻，当时全美符合条件的只有500人，最后从中选拔出7名佼佼者成为首批航天员。

由于载人航天与航空飞行有许多相似之处，苏、美两国开始都是从

苏联第一批航天员　　　　　　　　　　美国第一批航天员

优秀的空军飞行员中挑选。超高速飞行和各种高难度的特技动作，使飞行员习惯于高低气压剧烈变化，能处理复杂的紧急情况。航天员也同样需要具备这些能力。

谁能当上航天员

　　中国航天员是怎样选拔的呢？参考国外结合本国情况，我们制定了选拔程序的两个阶段。第一阶段是初选，从空军飞行员开始，到录取进入航天员训练中心为止。第二阶段是训练强化航天员，一直贯穿全过程直至上天。

　　初选要过五关：第一是基本条件关，包括政治思想表现、飞行技术、身体素质等；第二是临床医学关，要详细检查身体的各个部位、器官有无毛病；第三是生理功能关，主要检查中枢神经与呼吸循环系统对航天特殊环境的适应性与稳定性；第四是

"神舟6号"三个乘员组的成员

心理功能关，了解个性心理，并测试应急决策能力；最后是特殊耐力关，包括超重实验、缺氧耐力、前庭功能和立位耐力等。

从1996年6月起，中国从2000名候选人中百里挑一。初选出200名，最后好中求好、优中选优，留下了14名后备航天员进入训练阶段，并于1998年1月正式组成了首批航天员大队。

"魔鬼训练" 2000天

航天员的训练由于严格残酷，被称为"魔鬼训练"。中国航天员通过2000多天的封闭式训练，个个被培养成了"钢筋铁骨"。让我们去看看他们是如何训练的。

电动转椅抗眩晕　当航天员坐上测试前庭神经功能的电动椅后，就被蒙上眼睛。随后，电动椅以每分钟24圈的速度飞速旋转。航天员顿时会脸色苍白、直冒虚汗……只有坚持5分钟才能算合格。

电动秋千倒胃口　航天员坐在电动秋千上，蒙住眼睛，身上还贴满电极传感器。电动秋千左右摇摆，越摇

航天员训练现场

越高,幅度达到15米。摇摆中,人的血液一会儿送上大脑,一会儿甩向下肢,飘飘悠悠,翻江倒海。如果是没有经过专门训练的人,胃液会顿时喷射出来。

万向转床滋味难　万向床可任意旋转。躺在上面的航天员有时头朝下45°,有时斜着身体用某个部位支撑,有时先保持15°卧姿再突然转到90°立姿……这使得航天员脖子青筋暴涨、眼鼻黏膜充血,就像患了重感冒。

低压舱里考生死　航天员一进低压舱,舱内的气压就以相当于5米/秒的速度,快速提升至海拔5000米高度。航天员在里面不能戴氧气面罩,胸闷、头痛、恶心会接踵而来……短短3分钟,对航天员就如同一场生死考验。

78

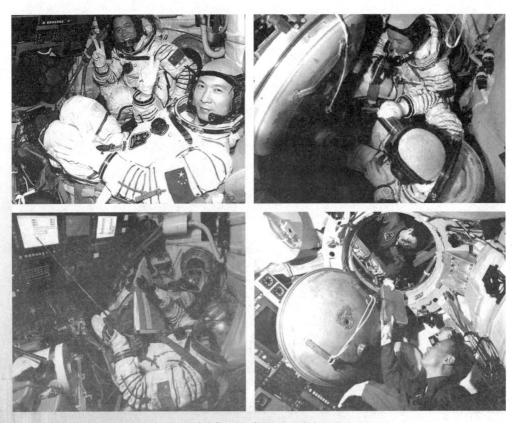

"神舟"飞船内航天员的生活状况

隔离舱中好寂寞　这是一场战胜寂寞孤独的心理考验。在密封狭小的隔离舱里，一个人一呆就是好几天。这里没有昼夜交替，无人商量和交流，还要完成许多高难度的工作。必要时连续工作 72 小时不得休息，一般人早就瘫下了。

晨昏颠倒睡不好　地上过 1 天，天上 16 日，这就是飞船里的作息。航天员必须养成"闭起眼睛就能睡，想醒就能醒过来"的本领。这需要过硬的心理素质，还要有一种天塌下来也能顶住的大无畏气概。

太空生活妙趣多

在太空中，不论吃、穿、洗、睡、拉都与地面大不相同，弄不好就会洋相百出。根本的原因，就是那里什么东西都失去了重量。

先说吃。太空食品大多为脱水食品，一口一块，以防止食品残渣在航天器内四处飘浮。当然也有加水后放入烤箱里加热再食用的。

太空中不可能"日出而作、日落而息"，航天员是按照钟点睡觉起床的。因为太空中一天有 16 次日出日落。航天员通常都是睡在睡袋里，载上眼罩和耳塞。但是睡袋必须预先固定好，否则会四处漂来漂去。

在太空中"方便"那是一点也不方便。"方便"前要做许多准备工作：腰要系上固定带，双手要抓住把手……这样才能把排泄物注入专门的容器内，而不会出洋相。

洗，在太空中最为复杂。一般用湿毛巾擦一擦就算洗脸，用手蘸点牙膏擦擦牙或嚼块口香糖就算刷牙了。只有空间站里才有专门洗澡的地方，那实际上也只是个抽风的淋浴罩。洗前准备和洗后整理，没有几个小时是不行的。

还有件不好意思说的事，就是太空中十分忌讳放屁。在地面上放屁是人之常情，但太空中放个屁所产生的小小推力，会把你从座椅上弹起，甚至翻个跟头。屁中还含有可燃气体，可能引起火灾。所以太空食品都十分讲究，很少有吃后容易产生屁的食物。

布满全球的测控网

飞船远离地面数百千米，它们运行是否正常？里面的航天员是否安全？如果有异常情况怎么办？要了解这一切都要依靠航天测控通信网。

飞船动静尽在眼底

航天测控通信网通过天地之间的测量控制与通信技术相配合，来完成整个载人航天的飞行过程。人命关天，测控通信网当然应具有高度的可靠性和超强通信能力，能够传输测量数据、控制指令、电视图像、语音、文字等多种信息，并能迅速准确地测轨、定轨和预报返回舱的落点。

中国的航天测控通信网主要具有轨道测量、遥控、遥测、火箭安全控制及航天员逃逸控制等功能。它由计算机系统及监控设备、船地通信和地面通信设备组成。

从航天员进入飞船直至平安返回地面，航天员、飞船和火箭都处于地面工作人员的密切监视之下。大量的数据，如火箭的飞行参数、航天员的生理状况、地面与航天员之间的通话、航天员在舱内活动的电视图像、飞船的运行以及可能出现的故障情况，地面人员都能够一目了然。飞船各舱段内的压力、温度、湿度、废气浓

北京航天指挥控制中心

中国成功预报美国"天空实验室"的坠落

1979年6月15日，一份急电传到西安卫星测控中心：美国"天空实验室"空间站在运行轨道上失控，美国政府希望中国给予技术支持，协助监测。于是，从拉萨到长春，从喀什到海南，各观测站开始了紧张的工作。7月11日，中国航天测控专家正式做出预报："天空实验室"空间站将于次日坠落在澳大利亚西南海域。不出所料，"天空实验室"空间站正好落入该区，而坠落时间与预报仅差6分钟。这就是中国航天测控网的神奇本领。

度等数据，都将源源不断地送到北京航天飞行指挥控制中心。

关键时刻的关键作用

飞船一发射，测控通信网就开始工作了。它们首先对火箭和飞船进行跟踪测轨和轨道预报，看它是不是按事先设计的轨道和姿态飞行。

在发射段跟踪测轨分外测和内测。外测利用运载火箭之外的测量设备（一般为地面设备），对飞行器的飞行轨道参数进行精密测量。内测是利用运载火箭内安装的设备，测量出火箭的加速度，经过计算可得到火箭的速度与位置，再通过遥测就可知道飞行器的轨道变化了。两种测量互为补充，也起到相互备份的作用。

飞船在天上飞行时，地面不仅要跟踪它、了解它的位置，还要知道它工作的情况是否正常，如有故障，是发生在哪个系统哪个部位。这就是测控通信网的一大功能——遥测。遥测对火箭和飞船的发射和正常运行有着举足轻重的作用。一旦发生问题，就可以利用遥测数据对问题进行分析，快速准确实现对故障的诊断处理。此外，遥测还可以监测航天员的生理参数和飞船的生活环境参数，以保障航天员的生命安全。

测控通信网的另一个重要任务就是遥控，即实现对火箭和飞船的远

"远望号"航天测量船

距离控制。尤其是在紧急情况下，遥控起到非常重要和立竿见影的作用。

测控通信网通过跟踪测轨、遥测、遥控这三大功能，完成对火箭和飞船的飞行控制。

把测控站搬到海上

对飞船进行全程跟踪观测和控制，光靠国内有限的几个地面测控站是远远不够的。因此，可以移动的测控站——航天远洋测量船应运而生。

为什么要建造海上测量船呢？这是因为航天测控通信都是以无线电微波来传播的，它走的是直线，不能拐弯。而地球是球形的，一个区域的测控站不可能实现对飞船的全程观测，只有用分布在全球不同地点的测控站，采取"接力"方式才能完成测控通信任务。

中国先后建造了6艘"远望号"海上航天远洋测量船，最新的"远望6号"航天远洋测量船已于2008年4月交付使用。建造远洋测量船远比在陆地建造测控站复杂得多，工程量也庞大得多。"远望号"总长191米、宽23米，排水量约2.1万吨，续航能力1.8万海里（1海里等于1852米），能在南北纬60°之间任何海域航行。

前4艘"远望号"远洋测量船下水20多年来，40多次远离国土到三大洋执行各种航天测控任务，经受了各种恶劣海况的严峻考验。它们乘风破浪，天涯追踪，运筹帷幄，安全航行80余万海里，创造了一个又一个胜利的纪录，把测控精度提高到世界先进水平，走出了一条具有中国特色的海上测控之路，为国家的航天事业作出了巨大的贡献。

把实验室搬上太空

远离地球数百千米之外的太空是一个奇特的环境，那里具有许多人类所需要的资源。这些资源归纳起来有6个方面。

高远位置资源　太空远离地表、高于大气层，可以在不同的高度、从不同的角度俯视地球，特别是与地球同步和与太阳同步的轨道，更具有特殊的应用价值。

真空资源　太空真空不仅纯净无污染，而且体积无限之大。

辐射资源　由于没有大气层的阻挡，地球轨道上的太阳辐射强度是地面的两倍，而且是全波段的。

微重力资源　微重力是一种不可多得的宝贵资源，在太空中可以开展地面上难以进行的科学实验、新材料和昂贵药物的生产。

大温差资源　在太空中，被太阳照射的物体表面可达到100℃以上，而背阳面的温度则可以降到-100℃以下。这样大的温差特别适合冶炼新合金。

外星的物质资源　月球有丰富的矿物质，特别是氦-3的储量十分巨大。其他一些行星上，也有极其宝贵的贵金属和稀土元素。

科学实验的宝地

太空这个特殊环境，犹如一个天然实验室，可以让我们大有可为。人们发现，在微重力条件下，难混合的物质可以混合；不用容器装盛也可以熔化和固化；活细胞的分离，纯度和效率可大大提高；生长出来的晶体大而均匀……在地面重力下无法加工制造的特种合金、金属玻璃、珍贵的生化制品和特纯药物等，在太空中将不再是幻想。一个个新产品将"从天而降"。

"神舟"飞船的应用系统，开展了包括微重力流体物理、材料科学和空间生命科学的三大类实验。通过这些实验，不仅可以认识许多新的自然现象和规律，还可以用于指导地面生产过程的提高和工艺的改进，为今后太空工业的发展奠定基础。

人体中的蛋白质在维持生命上起着重要作用，蛋白质的结构决定了它在人体内所扮演的角色。然而在地面上由于重力的作用，我们无法获得高品质和足够大的蛋白质结晶，因而对蛋白质知识的了解还不足1%。通过太空实验，我们可以获得高纯度蛋白质晶体，从而加深对生命体的生理和病理的认识，为新型药物设计、分子工程和纳米生物技术提供必要的知识基础。

太空育种创奇迹

由于太空环境中存在高能粒子辐射、微重力、高真空等综合因素的共同作用，使生命材料出现某些地面上不能获得的突变。回到地面后再通过选优及筛选，就有可能获得具有优良性状的作物品种。

太空育种是航

太空作物与普通作物对比

天技术与生物技术、农业育种技术相结合的产物。利用太空环境来进行育种和选种，其优点是：变异频率高、变异幅度大、有益变异多、稳定性强，因而可以在较短时间内培养出高产、优质、早熟、抗病的良种。

自 1987 年以来，中国成功利用返回式卫星及"神舟"飞船，搭载过许多农作物种子及试管苗。到目前为止，中国已进行过 50 多类 400 多个品种的育种试验，包括小麦、大麦、水稻、谷子、玉米、高粱、青椒、番茄、棉花、芝麻、红小豆、油菜、甜菜、西瓜、茄子、百合、黄瓜、莲子等品种及一些优良菌种，其中 13 个品种通过了国家审定，43 个品系在大面积种植推广。

中国培育的太空番茄和青椒的平均产量比普通品种增加了 10%～20%，而且果型大、品质高；太空水稻可增产 20%，单季亩产达到 400 千克～600 千克，而且蛋白质含量提高了 8%～20%；太空小麦的抗倒伏和抗病害能力增强，生育期缩短了 10 天左右……

随着中国航天事业的发展，太空育种工作将继续快速前进，更多产量高、质量好的农作物将不断出现。

顺利出发平安返回

载人飞船从发射场顺利出发，直至平安返回着陆场，其任务才算圆满完成。因此，发射场和着陆场在整个航天任务中显得尤为关键。

中国航天第一城

1958 年，"0029 工程"在中国西部荒凉的额济纳地区开工。这是中国第一个导弹综合试验基地。随后，中国第一座航天发射场——酒泉卫星发射中心诞生。今天，酒泉卫星发射中心成为"神舟"飞船升空的起点站。由于它是中国建立最早，导弹、火箭及卫星发射试验最多的地方，因此被誉为中国航天第一城。

酒泉卫星发射中心新建的载人航天发射场，由五大区和五大系统组成。五大区包括技术区、发射区、航天员区、试验指挥区和试验协作区。五大系统包括首区测控通信系统、测试发射指挥监控系统、航天员应急

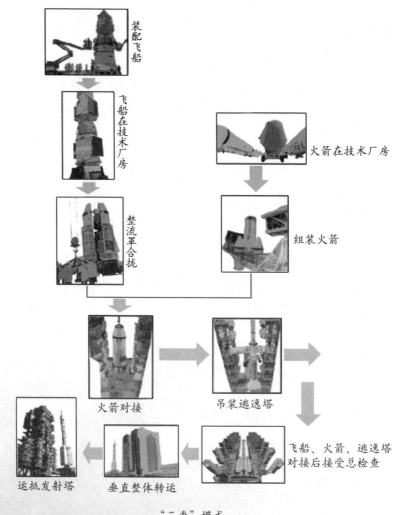

装配飞船

飞船在技术厂房

火箭在技术厂房

整流罩合拢

组装火箭

火箭对接

吊装逃逸塔

飞船、火箭、逃逸塔
对接后接受总检查

运抵发射塔

垂直整体转运

"三垂"模式

救生指挥保障系统、火箭推进剂加注系统和技术勤务系统。

中国载人航天发射场具有两大技术特色：一是对火箭飞船采取了先进的垂直总装、垂直测试和整体垂直转运（简称"三垂"模式）；二是采用了远距离的测试发射技术。利用这些科学的操作流程，中国已经将

8 艘"神舟"飞船送入太空，达到了当今国际先进水平。

回收着陆最惊险

载人飞船发射和一般航天器发射最大的差别就是，载人飞船完成任务后要平安返回，必须有相应的场地接应，这就是着陆场。由于飞船的返回是关系到整个航天任务的最后步骤，因此着陆场的作用就更显得举足轻重了。选择飞船着陆场，也有"四项基本原则"。

第一，着陆场的位置应当选择在飞船运行时尽可能多次在其上空通过的地方。有些地方飞船在其上空通过的机会虽然较少，但如果靠飞船的发动机工作一下就能轻易到达，也能选为着陆场。这样，当飞船出现意外需要紧急返回时，就有较多的机会、方便地在着陆场安全着

酒泉的飞船发射塔

陆。第二，场地要大一些。着陆场既要满足返回舱正常着陆，又要使应急降落或降落出现一些偏差时，返回舱也能落在其中。第三，地势要平缓，大的斜坡不超过 15°。要无高山沟壑，少高大树木，地表足够坚硬，最好没有大型工厂、铁路、高压线、大水库和居民区。第四，雷电、大风、冰雹要少，云层高度适合，能见度好。内蒙古中部四子王旗大草原能较好地满足以上条件，因而被首选为"神舟"飞船每次回家的地方。

着陆场的主要任务有两项：一是回收返回舱和搜救航天员；二是保

证飞船着陆前后测控通信畅通，并负责返回舱及相关设备的保护运送。为了完成这些任务，着陆场装备了各种直升机、指挥调度车、航天员医保车、工程运输车和返回舱吊车等。

飞船开始返回时，空中的搜救直升机即到达预定空域待命，对返回舱进行定位。当返回舱着陆后，它们迅速测定其着落点位置。地面作业人员接到落点通报后，马上组织相关车辆按照最佳路径接近返回舱。最后，大家协助航天员出舱，并对返回舱和航天员进行转运。

起飞返回最关键

"神舟"飞船从由运载火箭发射升空，直到完成全部飞行任务后返回，整个过程可分成发射、在轨运行和返回三大阶段。全过程中有 12 个较大的动作，每个动作如有丝毫差错，都将关系到飞船任务的完成与航天员的安全。

火箭点火后的起飞上升阶段，是最容易出现险情的。为此，除了要提高运载火箭自身的可靠性外，箭上还安装了逃逸救生塔。如在起飞期间遇到重大险情，危及飞船和航天员的安全时，逃逸救生塔上的小火箭会立即点火，拉起轨道舱和返回舱迅速脱离火箭，飞行至安全区域。然后，抛掉逃逸救生塔和轨道舱，返回舱自行打开降落伞，使航天员安全返回地面。

"神舟"飞船的逃逸塔

同样，飞船返回也是整个飞行过程中最困难和最重要的环节之一。

在返回过程中，要克服调整姿态、制动减速、再入防热和软着陆4道难关。尤其是，返回舱与大气层的剧烈摩擦，将产生几千摄氏度的高温，返回舱必须在这高温中完好无损。着陆减速时还会产生超重，要确保其在航天员的身体能够承受的范围内。

从"神舟1号"到"神舟6号"

在载人飞行之前，"神舟"飞船进行了4次无人飞行试验。

第一次：1999年11月20至21日，主要考核运载火箭工作性能和飞船的返回性能。

第二次：2001年1月10至16日，对飞船、运载火箭、测试发射、测控通信、着陆等作全面考核，并进行了科学试验。

第三次：2002年3月25日至4月1日，再次对飞船、运载火箭、测试发射、测控通信、着陆等作全面考核，并进行新的科学试验。

第四次：2002年12月30日至2003年1月6日，对整个载人航天工程作全面考核，并进行若干项新的科学试验。

在第二、第三次飞行试验中，飞船座舱内设置了模拟人新陈代谢的装置，以验证生存环境的保障情况。每次飞行试验中，座椅上都安装了"模拟人"，以测定各种力学环境对航天员的影响。4次无人飞船的飞行成功，为后来航天员进入太空打下了坚实的基础。

2003年10月

15 日，杨利伟乘坐"神舟 5 号"飞船升空，完成了中国人的首次太空环绕地球飞行，使中国成为世界上第三个能独立开展载人航天活动的国家。

2005 年 10 月 12 日，费俊龙和聂海胜乘坐"神舟 6 号"飞船再次进入太空，历时 5 天，将中国载人航天技术提到一个新的高度。

杨利伟受命出征

中国飞天第一人

1965 年 6 月，杨利伟出生在辽宁绥中县一个知识分子家庭。1983 年 6 月，他考入空军第八飞行学院。在 4 年的航校学习期间，他的成绩门门优秀，每个飞行科目都是第一个放单飞。1987 年飞行学院毕业后，他先后进入华北、西北和西南的空军飞行部队。由于飞行技术高超，安全飞行 1350 小时，被评为一级飞行员。

杨利伟 1996 年起参加航天员选拔，1998 年 1 月正式成为中国首批航天员。在训练中他一直高标准要求自己，第一次考试在 12 名新入选的航天员中就得了三个第一。最初 3 年，许多学习课程他过去从未接触过，需要理解和记忆的东西很多。他每天晚上都刻苦学习到深夜 12 点以后。强化训练的最后考试，他做到丝毫不差，全部获得满分。

5 年中，杨利伟完成了基础理论、航天环境适应性、专业技术等八大类几十个科目的

费俊龙和聂海胜出征

训练任务，并以优异成绩通过了航天员专业技术综合考核，被选为中国首次载人航天飞行梯队成员。最后，他光荣地成为中国第一位执行太空飞行任务的航天员。

载入史册的日子终于来临。2003年10月15日，杨利伟出色地完成了首次载人航天飞行任务。为此，2003年11月7日，中共中央、国务院、中央军委授予他"航天英雄"荣誉称号和"航天功勋奖章"。

真正的太空飞行

在备战"神舟6号"飞行任务时，费俊龙与聂海胜组成的乘员组以优异的表现脱颖而出。

费俊龙是江苏昆山人，1965年5月出生，1982年加入空军，有安全飞行1599小时的骄人成绩。聂海胜是湖北枣阳人，1964年9月出生，1983年加入空军，有安全飞行1480小时的记录。2005年10月12日，他们乘坐"神舟6号"飞船进入太空，5天后安全返回地面。他们在太空中进入轨道舱，开展了一系列科学实验，实现了真正意义上的有人参与的太空实验活动，为中国航天史谱写了新的华章。

"神舟6号"飞船主要完成三大任务：一是继续突破载人航天的基本技术，掌握多人多天的太空飞行技术；二是继续进行空间科学实验，开展了第一次有人参与的科学实验；三是继续考核和完善工程各系统的性能，发现不足以求改进，为"神舟"飞船的后续任务做准备。

因为"多人多天"，"神舟6号"飞船较以前的飞船有多达110项

费俊龙和聂海胜在太空中

技术状态的变化。比如多装了200千克的物品，食品柜置于轨道舱中，首次有热饭用的电加热器、睡袋和太空马桶……总之，"神舟6号"全面验证和考核了载人飞船的生命保障功能，具有承上启下的重要意义，为下一步太空行走和空间对接技术奠定了基础。

从"神舟7号"到空间站

实现载人航天零的突破之后，载人航天工程的重点将转向航天员出舱活动、空间交会对接试验，以及研制和发射长期自主飞行、有人照料的空间实验室，尽早建成完整配套的空间站工程系统。

神七与神八

从"神舟7号"开始，飞船的主要任务是航天员的出舱活动。这是一项非常复杂、十分危险但很重要的技术。未来对大型航天器进行空间维修和组装时缺它不可。为此，航天员必须学会怎样打开飞船气闸舱的舱门，学会怎样在太空中漂移行走，学会怎样穿着鼓鼓囊囊的航天服在失重条件下，进行航天器的维修及装配，并安全重返飞船等操作。

出舱活动最关键的技术是研制航天员的舱外航天服、载人机动装置和飞船气闸舱。"神舟5号"、"神舟6号"航天员穿的都是舱内航天服。舱内航

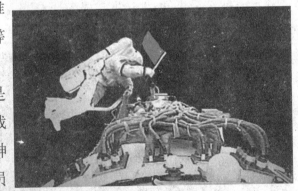

中国航天员进行太空行走（模拟图）

天服比较简单，质量也较小，只有10千克左右。舱外航天服的技术要复杂得多。它装有便携式生命保障系统，要能供氧、保温、防辐射，还要能与飞船通信。舱外航天服的质量有100多千克，十分昂贵，比一辆豪

中国空间实验室（模拟图）

华小轿车还要贵。

可靠的气闸舱也是出舱活动的关键。气闸舱是航天员出舱活动的门户。飞船的气闸舱一般有两个闸门，内闸门与座舱连接，外闸门可通向太空。航天员出舱时先通过内闸门进入气闸舱，然后关闭内闸门。接着，把气闸舱内的空气抽入座舱内。当气闸舱内压力和太空压力相等时，就可打开外闸门进入太空了。航天员返回气闸舱时按相反的顺序操作。内外闸门的气密性要绝对可靠，若有一点漏气就极为危险。闸门的启闭也要十分小心和熟练。国外一般是将轨道舱作为气闸舱使用，"神舟"飞船的气闸舱也是由轨道舱改进而成。

航天员出舱活动有脐带式与自由式两种。进行脐带式出舱活动时，航天员通过一根"脐带"跟飞船相连。"脐带"给航天员提供生命保障。航天员需要的氧气、压力、冷却工质、电源和通信等都是通过"脐带"由飞船提供的。"脐带"还起保险作用，能防止航天员漂离飞船太远而回不来。这根"脐带"一般不超过5米，以避免相互缠绕。自由式太空行走时，航天员出舱，不仅要穿上可靠的舱外航天服，还要携带一套载人机动装置。这套装置上装有几十个氮气喷管，可以控制太空行走时的方向。载人机动装置的技术难度很高，国外一般要花上亿美元的研制费。自由式出舱活动最远可达100米左右。

国外首次出舱活动时常采用脐带式，中国首次出舱也采用了脐带式。2008年9月25日，翟志刚、刘伯明、景海鹏乘坐"神舟7号"进入太空。

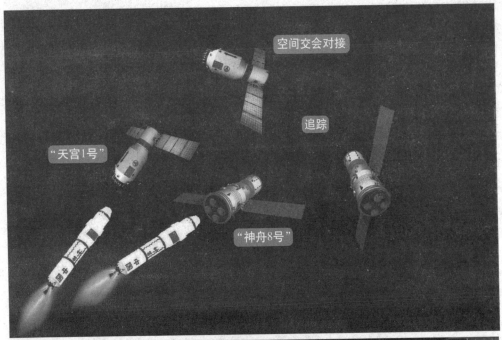

空间交会对接

追踪

"天宫1号"

"神舟8号"

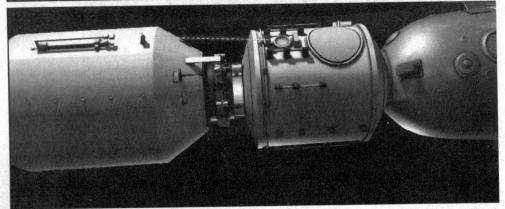

在"天空1号"和"神舟8号"的交会对接中，激光系统被用来校准和距离测量。

9月27日，翟志刚穿着中国制造的"飞天"舱外航天服进行了太空漫步，令中国成为第三个有能力把航天员送上太空并进行太空行走的国家。

2011年9月29日，中国第一个目标飞行器"天宫1号"在酒泉卫星发射中心发射。2011年11月1日，"神舟8号"飞船顺利升空。2011年11月3日凌晨，"天宫1号"与"神州8号"实现完美对接。

"天宫1号"既是一个空间交会对接的目标飞行器，又是一个简易的空间实验室。它飞行的主要任务包括先后与"神舟8号"、"神舟9号"、"神

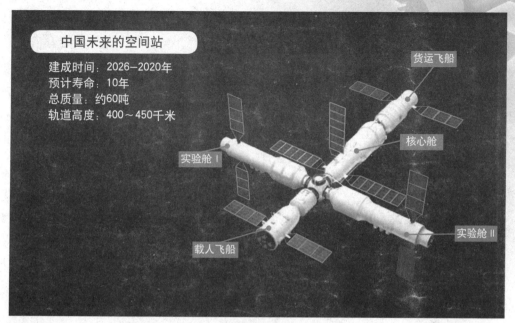

中国未来的空间站

建成时间：2026—2020年
预计寿命：10年
总质量：约60吨
轨道高度：400～450千米

货运飞船

核心舱

实验舱Ⅰ

实验舱Ⅱ

载人飞船

舟10号"交会对接；初步建立长期无人在轨运行、短期有人照料的载人空间试验平台，为空间站研制积累经验；进行对地遥感，空间环境和空间物流探测、空间科学实验、航天医学实验和空间技术试验。

2016年以前，中国还将发射"天宫2号"和"天宫3号"空间实验室，为后面的空间站做准备。2020年，"国际空间站"将结束其使命。按规划，2020年前后中国的空间站正好进入轨道，成为世界上唯一的空间站。到时候，我们可以开展国际合作，更好地和平开发、利用太空资源。

造船建站为应用

在中国航天界流行一句话："造船为建站，建站为应用"。这句话的意思是，我们先造飞船，然后建空间站。而这些载人航天活动的最终目的，并不仅仅是载人飞天而已，而是为了在人的参与下，利用空间特殊环境造福于人类。空间站，就是实现这一目的最好的舞台。

空间站为人类提供了一个地面上不存在的、非常有价值的环境。比如，科学家利用这种特殊环境对生物进行研究，将会搞清楚微重力环境对长期生活或生长在太空的生物的影响机理，为以后的太空医疗、太空农业和太空移民做准备。

中国载人航天工程的第三步，就是建造长期有人照料的大型空间站。在此之前，需要先建造一种小型、短期有人照料、长期自主运行的空间实验室。空间实验室用运载火箭发射上天，里面不载人。航天员乘坐载人飞船进入太空，与空间实验室对接。随后，航天员进入到空间实验室，并在那里工作一段时间（例如一个月）。载人飞船则停靠在空间实验室旁，待任务结束，载着航天员返回地面。

中国未来的空间站包括核心舱、实验舱 I、实验舱 II、载人飞船（即已经命名的"神舟"号飞船）和货运飞船 5 个模块组成。各飞行器都具备独立飞行能力，又可以与核心舱组合成多种形态的空间组合体，在核心舱统一调度下协同工作，完成空间站承担的各项任务。

四、深空探测

百年多前，现代航天与火箭理论的奠基人齐奥尔科夫斯基曾讲过这样一段名言："地球是人类的摇篮。人类决不会永远躺在这个摇篮里，而会不断探索新的天体和空间。人类首先将小心翼翼地穿过大气层，然后再去征服太阳系空间。"这位伟大科学家的预言正在变为现实。

从月球到深空

深空探测是人类航天活动的重要组成部分。人们一般把地球到月球距离以外的宇宙空间称为深空，把人类对深空的探测活动称为深空探测。目前，深空探测主要是人类对月球、太阳、太阳系其他行星、小行星和彗星等的探测活动。

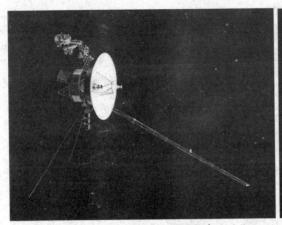
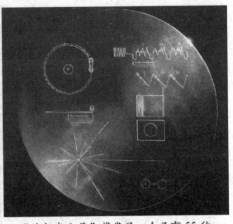

1977年9月5日发射的"旅行者1号"　　　　"旅行者1号"携带了一个录有55种
现即将飞出太阳系　　　　　　　　　　语言和90分钟音乐集锦的磁碟

起步月球

　　1959年，苏联发射了第一个月球探测器，揭开了人类探月的帷幕。1961年，苏联发射了"金星号"探测器。1962年，美国发射了"水手号"探测器……人类开始了对金星、水星和火星的探测。1972年后，美国发射了"先驱者10号"、"先驱者11号"、"旅行者1号"和"旅行者2号"探测器，先后对木星、土星、天王星和海王星进行探测。

　　人类已发射了近200个深空探测器，探测了太阳系各大行星及其部分卫星、小行星与彗星等空间天体，获得了数以百万计的高清晰照片。人类的深空探测活动从地球身边的月球开始，逐步伸向遥远的太阳系边缘。有的探测器还飞出了太阳系。人类发射的月球探测器最多，对月球的了解也最深。人类曾6次登上月球，有12人踏上了月面。美、苏两国曾采集了约383千克月面土壤与岩石，带回地球研究。

　　21世纪，人类的深空探测活动将向更深、更广的方向发展。目前，各国的深空探测以月球和火星为重点。美国的计划是：2030年前后载人登上火星。日本于1990年发射了第一个月球探测器，成为世界上第三个发射月球探测器的国家。2007年，日本又发射了"月亮女神"月球探测器，并将于2012年前后发射月球机器人。欧洲航天局于2003年9月28日成功地发射了"智慧1号"月球探测器，成为世界上第四个发射月球探测器的国家（组织），并计划于2025年载人登上月球。俄罗斯也将于2025年前后载人登上月球，并在做载人登火星的准备。几个航天大国都有在月球建立基地，开发月球资源，并以月球为平台载人登上火星的打算。中国的"嫦娥1号"卫星也于2007年11月5日进入月球轨道，成为世界上第五个发射月球卫星的国家。此外，印度、德国、乌克兰等国也都公布了探月计划。

漫漫长路

自第一颗人造地球卫星以来，人类已发射了近6000个航天器。其中，95％以上是人造地球卫星。它们运行于离地面几百千米到几万千米的轨道上。而深空探测器（月球探测器除外）要飞行的旅程都在数千万千米以上。飞到金星的最短距离约为4000万千米，飞到火星的最短距离约为5600万千米，飞到土星的最短距离约为12亿千米。无线电波从地球到金星、火星和土星再返回的时间分别为4分多钟、6分多钟和2.5小时。因此，远离地球飞行的深空探测器，需要解决发射、控制、运行管理、探测、信息传输、能源等诸多方面的问题。此外，太空剧变的温差、强烈的辐射等也给深空探测增添了困难。

从地球发射深空探测器，需要的初始速度也比人造地球卫星大。月球虽是地球的卫星，在地球的引力场范围内，但由于距地球较远，月球探测器的初始速度必须达到10.848千米/秒。发射行星际探测器，从地球出发的初始速度必须达到第二宇宙速度，即11.2千米/秒，若要飞出太阳系，初始速度则要达到16.6千米/秒的第三宇宙速度。

初始速度固然是发射深空探测器首先要解决的问题。但如何确保其顺利经过漫漫征途、圆满完成任务则更为艰巨。在这方面，主要有4大技术问题。

1. 选择一条最省力、省时的飞行路线。

太阳系里有许多运动着的天体。它们对飞行中的探测器都会产生引力。因此，在选择探测器飞行路线时，除了要精确计算探测器的运动，还必须精心分析天体的运动及其引力关系，为探测器选择一条最省能量的可行路线。探测器不仅不能被其他星体捕获，还要巧妙地利用这些星体的引力，向目标加速前进。

2. 确保探测器远距离跟踪测量、监控和信息交换。

对飞行中的深空探测器，需要不断测出它的运行速度与所在方位，

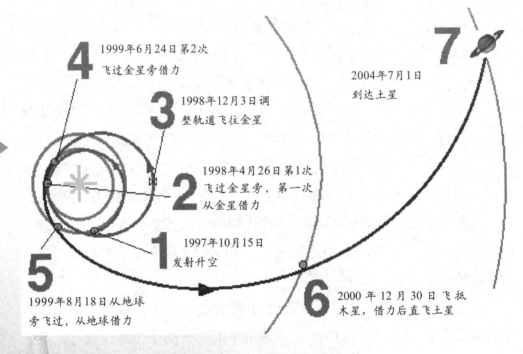

4 1999年6月24日第2次飞过金星旁借力

3 1998年12月3日调整轨道飞往金星

2 1998年4月26日第1次飞过金星旁，第一次从金星借力

1 1997年10月15日发射升空

5 1999年8月18日从地球旁飞过，从地球借力

6 2000年12月30日飞抵木星，借力后直飞土星

7 2004年7月1日到达土星

"卡西尼号"土星探测器飞行路线图

还要使它正确无误地接收并实施地面发出的指令。探测器的工作状态、"健康"状况以及探测到的大容量信息也要及时地传送回地面接收站。这些都涉及地面站对探测器的跟踪测量以及探测器与地面的通信问题。所有这些信息一般都是经过变换后，通过无线电波进行传输的。但无线电波经过长距离传输后会延迟，也会变得十分微弱，甚至可能被太空的噪声（杂

"卡西尼号"携带有 3 台钚放射性同位素温差发电器

乱无章的电磁波）淹没。为此，要尽可能地增加探测器无线电发射机的发射功率。但增加发射功率后，设备会变得笨重，运载火箭也要加倍增大。这不太可行。因此，只有提高无线电发射机的性能和采用高增益天线来解决。我们常可看到星际探测器上有一个"大耳朵"。这个"大耳朵"就是高增益的抛物面天线。它可以把电磁波集中为一个很窄的波束，向着指定的方向发射出去。这样地球上就能接收到较强的信息了。此外，地面站也要采用庞大的抛物面接收天线。

激光波束比无线电微波波束更窄，能量更集中，可传输的距离也更远。所以，激光通信技术若能在深空探测器上应用，将能更好地解决深空探测的通信问题。

3. 探测器飞行过程中姿态控制与制导导航问题。

探测器在飞行过程中，要按地面指令调整姿态、点燃发动机、修正飞行轨道，确保其沿着设计的轨道飞行。但当探测器离地球十分遥远时，由于电磁波传播的时间较长，靠地面发指令控制已有困难，必须采用其他途径。比如，可以采用天文导航控制。具体地说，就是利用探测器上安装的太阳敏感器、星敏感器等天文导航仪，确定太阳或某颗恒星的方向与探测器基准轴线之间的夹角。再通过探测器上的计算机算出探测器所在的方位与预定航线的偏差。最后由控制系统操纵发动机，使探测器回到预定轨道上。当探测器接近目标天体时，探测器控制系统的反应更要敏捷又精确。如果制动火箭过早点火，就可能会同探测目标擦肩而过；若点火过晚，就可能撞上目标天体而粉身碎骨。所以，星际探测器一般都装有末端制导系统，以解决飞行器接近目标时的自主控制问题。末端制导系统能自主测量探测器与目标天体的相对位置，计算出偏差后会自动导引飞向目标，或按设定的要求独立自主地完成飞行路线的控制任务，从而实现探测器的探测任务。

4. 探测器的电源。

探测距离太阳较近的火星等行星时，探测器可采用太阳电池帆板供电。但探测土星等离太阳比较遥远的行星时，仅靠太阳电池帆板发电不够。所以，要用放射性同位素温差发电器等核电源来供电。

嫦娥工程

2007 年 10 月 24 日，"嫦娥 1 号"卫星发射升空。11 月 7 日，它精确地进入极月圆工作轨道。11 月 26 日，中国公布了第一张高清晰度的月面照片。"嫦娥 1 号"月球探测卫星初战告捷！

"嫦娥 1 号"的飞天，填补了中国深空探测的空白，使中国成为世界上第五个能独立研制与发射月

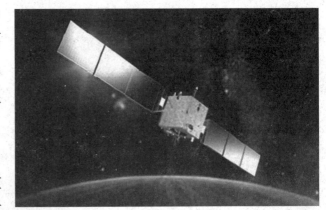

"嫦娥 1 号"

球探测器的国家。"嫦娥 1 号"卫星是继"两弹一星"、载人航天后，中国航天科技发展的又一个新里程碑。

中国的探月工程起步较晚。2002 年 4 月，"嫦娥 1 号"才开始进行方案设计，2004 年 1 月，经国家批准才正式立项研制。不过，中国起步虽晚，但起点较高。中国直接发射探月卫星，跨越了苏、美两国早期探月的飞越月球和硬着陆探测两个阶段。从正式下达计划开始，中国只用了三年

多的时间，就把探月卫星送上了月球轨道。在如此短的时间里，能取得如此巨大的成就，不能不说是一个奇迹。

"嫦娥1号"传回的第一幅月面图像

世界各国的深空探测都是从探月开始的。这种从近到远、从简到难的策略符合事物发展的规律。深空探测需要解决许多难题。中国在"嫦娥"工程的研制中是如何攻克这些技术关键的呢？

"嫦娥"的奔月之路

自发射第一颗人造卫星至 2008 年 6 月，中国的"长征"系列运载火箭共进行了 107 次发射。不过，发射的都是地球卫星（包括卫星式飞船），最大高度只有约 7.8 万千米。现在，要把卫星送到 38 万千米外的轨道上去，还要摆脱地球引力，进入月球的引力场，成为月球的卫星，在月面上空 200 千米的圆形轨道上运行……这对中国航天人来讲，又是一个全新的挑战。

为了给"嫦娥"卫星选择一条理想的奔月路线，中国十几个研究所、高等院校和天文台的几十位专家，做了几年的艰苦工作。

知识链接

美国和苏联探月的发展步骤

第一步：探测器飞越月球探测。
第二步：探测器击中月球（在月面硬着陆）探测。
第三步：探测器在月面软着陆探测。
第四步：探测器环月飞行（成为月球卫星）探测。
第五步：月球车巡视探测与返回舱返回地球。
第六步：载人登月探测。

科学家首先从选用中国现有的合适运载火箭与卫星平台开始，研究地球、月球的运动关系，探索解决了地球、月球和卫星三体运动的力学计算方法，随后经过大量反复的计算，提出了数个可行的方案，再将各个方案的利弊进行比较，最终经多方专家的严格评审，才确定了"嫦娥1号"的飞行路线。中国科学家为"嫦娥"奔月选择了一条省力、安全、可靠的路线，还加了多重保险锁。

"嫦娥1号"卫星由"长征3号"甲运载火箭发射升空。它被送入近地点200千米，远地点51 000千米，轨道倾角为31°，周期为16小时的超地球同步转移轨道。它在这个椭圆轨道上运行1.5圈，也就是一天后到达椭圆轨道远地点。此时，卫星主发动机点燃，工作约4分钟后关机。这使"嫦娥1号"运行轨道的近地点抬高为600千米（远地点高度仍保持不变）。它在此轨道上运行1.5圈（1天）后，到达椭圆轨道的近地点。主发动机再次点燃，工作约5分钟后关机。这把"嫦娥1号"送入近地点为600千米，远地点为71 000千米，周期为24小时的椭圆轨道。在此轨道上运行3圈（3天）后，"嫦娥1号"再次运行到椭圆轨道的近地点时，卫星上的主发动机又被点燃，工作约12分钟后关机。这下，它被送入近地点为600千米，远地点为128 000千米，周期为48小时的椭圆轨道。在此轨道上运行1圈（2天）后，关键时刻来临了。

2007年10月31日下午5时15分，"嫦娥1号"又一次运行到椭圆轨道的近地点，主发动机被点燃，工作约13分钟后关机。卫星被送入近地点为600千米，远地点约为380 000千米，运行周期约为10天的椭圆轨道。此时，卫星在近地点的运行速度已达10.9千米/秒，超过了飞月的最低速度10.848千米/秒。于是，"嫦娥1号"卫星进入了地月转移轨道，向着月球奔驰而去。在这个漫长的征途中，地面站时刻测控着它。一旦发现它偏离预定轨道时，就启动发动机，进行轨道修正。由于测控与控制制导的精确性，原定的三次中途轨道修正都被取消，只在途中短时开启了姿态控制用的小发动机，对轨道做了微微的修整，因而节约了大量燃料。

在奔月途中，随着远离地球，"嫦娥1号"的速度不断下降，从离开

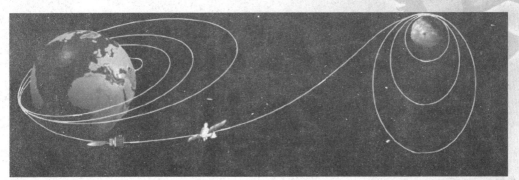

"嫦娥 1 号"卫星飞行轨迹图

地球时的 10.9 千米／秒，逐步减小到 9 千米／秒、8 千米／秒、1 千米／秒、500 米／秒、200 米／秒……当距离月球 6.6 万千米时，月球对卫星的引力超过了地球引力。这时，月球引力开始起主导作用。月球开始"拉"着卫星加速飞行。"嫦娥 1 号"的速度从 200 米／秒逐步增加为 500 米／秒、1 千米／秒、1.5 千米／秒、2 千米／秒……到达月面上空 200 千米时，卫星的速度已经为 2.41 千米／秒。

成为月球卫星的环绕速度为 1.68 千米／秒，而脱离月球的逃逸速度为 2.38 千米／秒。此时，如果不制动（刹车），"嫦娥 1 号"将飞离月球而去。只有当它的速度在 1.68 千米／秒～2.38 千米／秒范围内，才能成为月球的卫星。如果刹车过猛，使速度低于 1.68 千米／秒，它将冲向月面，摔得粉身碎骨。

"嫦娥 1 号"整个飞行途中最关键的时刻来临了。11 月 5 日上午 11 时 15 分，卫星运行到离月面 200 千米。按地面的指令，卫星主发动机点燃，进行第一次近月制动。经过 114 小时的飞行后，"嫦娥 1 号"成为了一颗环绕月球运行的卫星。它开始以 2.27 千米／秒的速度，在近月点 200 千米，远月点 8600 千米，周期为 12 小时的绕月椭圆轨道上运行。绕月 2 圈后，在近月点第二次制动，进入近月点 200 千米，远月点 1700 千米，周期 3.5 小时的椭圆轨道。又绕月飞行约 21 小时（6 圈）后，当卫星再次飞到近月点 200 千米时，成功完成第三次近月制动，进入距离月面 200 千米，运行周期 127 分钟的极月圆轨道。至此，"嫦娥 1 号"的发射任务顺利完成。接下来的工作就是探测了。

从中国大地发射探月卫星的时机每年只有 4 月、10 月两次，每次的最佳时间只有 35 分钟。由于数万中国航天科技工作者的奋力协同，由于高标准、严要求和一丝不苟地操作，中国终于在最佳的时间段内，精确地把"嫦娥 1 号"卫星送上了月球轨道。"嫦娥 1 号"卫星的入轨精度原定为 2%，现在则达到了万分之三。

"嫦娥"的五大系统

"嫦娥"工程（一期）由卫星系统、运载火箭系统、测控系统、发射场系统和地面应用系统五大系统组成。这五大系统，都是在充分运用中国航天成熟技术的基础上发展而来。

"嫦娥 1 号"卫星选用了技术成熟的"东方红 3 号"通信卫星平台为基本平台。为使"嫦娥 1 号"完成变轨、绕月飞行、有效探测和一年寿命的要求，平台做了很多改进。

"嫦娥 1 号"由结构、热控制、电源、姿态控制、测控跟踪、数传、星载计算机、软件和有效载荷等 9 个分系统和语音存储装置组成。它采用三轴稳定姿态控制方式，工作寿命不少于一年，绕月轨道高度为 195～205 千米，轨道倾角为 85°～95°。它总质量为 2350 千克，燃料约占了一半。

制导控制系统是保证"嫦娥 1 号"沿着预定轨道飞行的关键，也是当卫星环绕月球工作轨道运行时能否完成探测任务的关键。同地球卫星相比，"嫦娥 1 号"的控制系统有两个主要不同点，这也是探月卫星实现探月制导控制的关键。

首先，人造地球卫星在围绕地球正常运行时，卫星的一头总是在前，卫星的一个轴线总是平行于当地的地平线，或以要求的姿态相对于地球在运行。这是靠卫星上的红外地平仪感知地球表面的红外辐射，从而跟踪地球建立飞行姿态的。但在月球上，红外辐射极不稳定，红外地平仪已不能工作。但月球的紫外辐射较稳定。中国科学家经过精心钻研，造出了紫外辐射敏感器，在陀螺仪的帮助下，解决了"嫦娥1号"跟踪月球的难题。中国成为世界上少数掌握月球紫外辐射敏感器的国家之一。

地球卫星一般只要二体定向，即对太阳和地球定向。卫星的太阳帆板对准太阳定向，太阳电池就能正常工作，供应卫星电能。卫星上的探测仪与天线对准地球定向，卫星一边绕地运行，一边就能对地探测，并将探测到的信息通过天线发送给地面站接收。"嫦娥1号"在飞行过程中要始终保持对准太阳、月球、地球三体定向。它的太阳帆板要对准太阳，以保证太阳电池获得足够的光照，从而为卫星供电；其探测仪器必须对准月球，以获得月面的探测信息，完成月球探测任务；其天线必须对准地球，以便将卫星探测到的各种信息发回地球。

那"嫦娥1号"卫星是怎么实现三体定向的呢？"嫦娥1号"的控制系统采取三轴稳定的方式进行姿态控制。它在绕月运行过程中，除适时改变一定的姿态角飞行外，天线与太阳帆板也可以在一定的角度范围内自由转动。通过控制它们的旋转角度就实现了对日、月、地三体的定

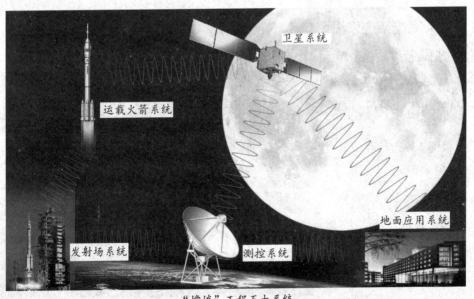

卫星系统

运载火箭系统

地面应用系统

发射场系统

测控系统

"嫦娥"工程五大系统

向要求。

"长征 3 号"甲运载火箭是"长征"系列的金牌火箭，它最大的特点就是安全可靠。它可以在星箭分离前对卫星进行大姿态

"嫦娥 1 号"三体定向示意图

角旋转定向，并提供可调整的卫星起旋速率。为发射探月卫星，"长征 3 号"甲做了许多改进，一些重要的关键设备与线路都采用双重保险或三重保险。比如，惯性测量器件有两套，计算机有三块中央处理器，动力伺服系统也有两套……这些，都进一步提高了火箭的可靠性。

一颗卫星的成功，离不开测控通信系统的保障。"嫦娥"工程的测控系统由地面测控系统和卫星测控分系统两部分组成。

"嫦娥 1 号"的地面测控又由航天测控系统和天文测量系统两部分组成。航天测控系统采用 S 频段，由青岛站（18 米天线）、额山站、北京站、厦门站以及"远望号"测量船等组成。天文测量系统则由中国科学院的甚长基线干涉天文测量系统组成，主要包括北京密云 50 米天线、昆明 40 米天线、上海与乌鲁木齐的 25 米天线等，并通过国际联网增加覆盖时段。在北京

乌鲁木齐测控站

航天控制中心的统一指挥调度下，各部分按统一的时间标准联成一个有机的整体，相互密切配合，共同完成测控任务。

"嫦娥1号"上的测控分系统由星载测控、数传和甚长基线干涉测量技术信标以及高稳定度的基准时钟等组成。这个系统为卫星的跟踪、测轨和遥测提供了上、下行S波段射频信道。卫星上的两个X波段信标为天文远距测控创造了良好条件。星载的信标机以及卫星上的抛物面天线等设备大大地提高了地面站的测控距离与测控精确度。

正是在"嫦娥"工程测控系统的一路护送下，"嫦娥1号"才顺利进入了月宫。

"嫦娥1号"在中国航天测控史上第一次利用了甚长基线干涉天文测量技术。它除了配合航天测控系统完成卫星的跟踪测量任务外，还要完成卫星大容量信息的远距接收任务。

"嫦娥1号"在运行过程中，卫星上的8台探测仪不断地对月面与月地空间进行探测，获取大量探测信息。这些信息都需要传回地球。当运行在地面站接收范围之外时，卫星探测得到的数据会自动储存在携带的大容量存储器中。当卫星运行到地面站能接收的范围内时，会按地面的指令，把储存的数据与正在探测得到的信息通过卫星上的发射机全部发送到地面。但中国原有的卫星地面站是为地球卫星服务的，接收信息的距离短，已不能完成"嫦娥1号"卫星的数据接收任务。所以，"嫦娥1号"卫星传回的信息就靠中国科学院的那些巨型抛物面天线接收了。这些巨型天线接收到的信息都是成堆的二进制符号，还需通过地面计算机系统进行复杂数据处理后，才能获得月球的立体图、矿物分布图等有实用价值的直观资料。

"嫦娥1号"携带了重130千克、8种24件科学探测仪器，主要有CCD相机、激光高度计、干涉成像光谱仪、γ射线谱仪、X射线谱仪、微波探测仪、太空高能粒子探测器和太阳风离子探测器等。

"嫦娥1号"主要有四大任务：获取月表三维影像，即画一张月球表面的立体地图；探测月球资源分布，绘制各元素在全月球分布图，月球岩石、矿物和地质学专题图；探测月壤特征，获取月壤厚度数据，估算氦-3资源量；探测4万～40万千米的地月空间环境。这四大任务，就要靠卫星上携带的科学探测仪器来完成。

"嫦娥1号"携带的CCD相机

"嫦娥1号"只装了一台CCD相机。卫星在飞行过程中，对月球表面进行逐行扫描，就会获得星下点（卫星在月面的垂直投影点）、前视17°和后视17°三个视角形成的三幅二维原始图像数据。经过合成处理后，就可获得月面的三维立体图了。

"嫦娥1号"在月面上空200千米的轨道上运行时，卫星上的激光高度计每秒钟发射一束激光。利用接收反射光波的时间差，就能算出激光的行程（即距离）。把大量激光探测点测出的距离集中起来，就能画出月面的立体图。CCD相机只有在月面有光照的条件下才能获取图像，而激光高度计不受此条件的限制。因此，它可画出月球背面的图像。

1998年美国发射的"月球勘探者号"月球探测器，做了月面上钍、铀、钾、铁、钛等5种矿产资源的分布图。"嫦娥"卫星的任务除了上述5种资源外，还要探测氧、硅、镁、铝、钙、钠、锰、铬、镧等9种资源，要画出共计14种

"嫦娥1号"携带的激光高度计

矿产资源的分布图。

太阳射线与宇宙射线照在月面上，不同的物质会发射或反射不同波长的 γ 射线与 X 射线。γ 射线谱仪、X 射线谱仪可探测出这些波线。根据波线的能量和流量可判断出月面含有的不同元素及其丰富程度。但 γ 射线谱仪、X 射线谱仪只能识别月球表面含有的元素与丰度，却不能知道这些元素形成哪些矿物质。而干涉成像光谱仪就能根据不同的矿物质能吸收不同的光波，判别出岩石的种类，从而画出月面的矿物分布图。

月表绝对零度以上的任何物质都会产生微波辐射能量。这些微波信号频率不同，穿透月球表面的能力也不同，频率越低，穿透能力越强，频率越高则穿透能力越弱。微波探测仪有能力测得月表产生的不同波段的微波辐射能量信息，从而获得月壤的厚度。依据 γ 射线谱仪、X 射线谱仪等测得的氦 -3 元素在月球土壤中的丰富程度，就可估算出氦 -3 的贮藏量。

高能粒子探测器与低能离子探测器是用来探测地月空间的太阳辐射

γ 射线谱仪

高能粒子探测器

X 射线谱仪

太阳风离子探测器

"嫦娥1号"携带的部分仪器

和其他宇宙射线情况的。探测地月间的空间辐射情况，对于载人航天与地面的通讯等都具有重要意义。

作为"嫦娥1号"的姐妹星，"嫦娥2号"同样由"长征3号"甲火箭发射。与其"姐姐"相比，"嫦娥2号"奔月走更省力省时的捷径，星上搭载的CCD相机的分辨率更高，其他探测设备也有所改进。此外，"嫦娥2号"的绕月轨道到100千米。因此，它所探测到的有关月球的数据将更加翔实。

2010年10月1日，"嫦娥2号"在西昌卫星发射中心成功发射。在圆满完成既定的探月任务后，2011年6月9日，"嫦娥2号"离开月球轨道，飞向第二拉格朗日点。那是距离地球约150万千米远，太阳与地球引力的平衡点。8月25日，经过77天的飞行，"嫦娥2号"受控准确进入第二拉格朗日点的环绕轨道。至此，"嫦娥2号"成了目前中国航天测控史上测控距离最远的一颗卫星。

"嫦娥2号"轨道示意图

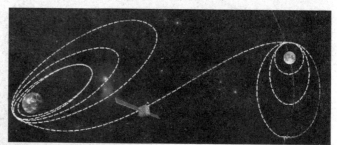

"嫦娥1号"轨道示意图

"嫦娥2号"创造了中国航天乃至国际航天的多个"第一"：国际上第一次从月球轨道出发探测拉格朗日点的航天活动；第一次实现中国对月球以远的太空进行探测；中国第一次开展拉格朗日点转移轨道和使命轨道的设计和控制，并实现150万千米远距离测控通信。"嫦娥2号"成功环绕第二拉格朗日点飞行，还标志着中国月球及深空探测领域的创新能力取得新突破，使中国成为世界上继欧洲航天局和美国之后，第三个造访第二拉格朗日点的国家（组织）。

月球的探索意义

自从美国人 1972 年第 6 次登月后，人类的登月活动一下子沉寂了 30 多年。目前，一个新的探月和登月热潮正在掀起。这是为什么呢？

探索月球，是为了研究月球的成因、演化史，从而研究地球与其他行星的形成与演化。探索月球也是为了开发月球资源，为人类服务。月球含有丰富的矿产资源，月球的岩石中富含硅、铝、锰、钠、钙、铁、钛、钾、磷等元素，还有铱和铀等贵金属。特别是月壤中含有丰富的氦-3。它是一种清洁、高效、安全的核聚变燃料，适合作为火箭和飞船的核燃料，用于宇宙航行。据估计，地球上的氦-3 储量只有 15~20 吨，而月球上的氦-3 存量可达 100 万～ 500 万吨。一艘航天飞机一次可运回 20 吨液化氦-3，价值估计为 500 亿美元。据科学家估算，全世界一年消耗的能源，有 100 吨氦-3 就可替代。也就是说，月球上的氦-3 可供地球能源需求达万年。此外，由于没有大气层，月球的太阳能比地球丰富得多。如果在月球上开发利用太阳能，其利用率将是地球上的 1.5 倍。美国休斯顿能源研究中心的一份调查报告说，如果将月球上太阳能发电能力的 1% 运送到地球，就可以取代地球上石油、煤炭等全部矿物燃料能源。

月球拥有超高真空、无磁场、地质构造稳定、弱重力（地球重力的1/6）和高洁净环境等特点，是提炼纯金属和制造精密仪器的最佳工场，也是特殊生物制品和特种新型材料的最佳生产基地。此外，在月球上用光学天文望远镜观测太空，不受大气和天气的影响；在月球的背面，地球上各种各样的无线电波无法到达，用射电望远镜来观测太空，将不会受到地面无线电波的干扰。这些特点也令月球成为理想的天文观测站。我们还可以在月球建立地球观测站，监测地球环境。

月球还是未来行星际航行的前哨阵地和中转站，可作为载人登上火星等的跳板。

正是因为月球探索具有那么多重要的意义，月球理所当然地成为人类深空探测的首选目标。因此，世界航天大国都在积极地筹划探月大计。

人类探月计划

月球探索，可用"探"、"登"、"驻"三步来概括。第一步"探"：在2019年前，主要航天大国将以实施无人探月活动为主，为载人登月作技术与物质准备。第二步"登"：在2020—2030年间，各航天大国将纷纷载人登上月球，为在月球建立基地作准备。第三步"驻"：在2025～2035年间，各国将先后在月球建立基地。随着一项项关键技术的攻克，生存保障条件的改善，驻月的人数会不断增加。但要将开发月球资源商业化，用于改善人类的生活，还需要漫长的过程。不过，将月球作为人类登上火星的跳板，有望在21世纪30年代实现。

中国的探月工程（一期）主要分"绕"、"落"、"回"三阶段。第一步"绕"：2007年发射月球探测卫星"嫦娥1号"，环绕月球飞行探测。第二步"落"：2012年前后发射月球软着陆器。着陆器携带的月球巡视勘察器（俗称月球车）将在着陆区附近进行探测。这阶段还要进行月基光学天文观测。第三步"回"：2017年左右发射月球采样返回器，软着陆在月球表面特定区域，并进行分析采样，然后将月球样品带回地球，在地面上对样品进行详细研究。

当中国月球探测器能实现返回地球时，中国的载人飞船也完成了航天员在太空行走与飞船的交会对接等任务，中国的新一代运载火箭也已升空。此时，开展中国载人登月工程就有了基础。

中国是个航天大国。随着中国经济的不断发展，深空探索的投入将会不断增加。在人类开拓太空的伟大实践活动中，中国人一定会占有一席之地，一定会对人类作出应有的贡献。

测 试 题

一、选择题

1. 德国天文学家开普勒发现了行星运动三大定律。它____。

   A. 只适用于行星环绕恒星的运动

   B. 只适用于卫星环绕行星的运动

   C. 既适用于行星环绕恒星的运动，也适用于卫星环绕行星的运动，包括人造地球卫星与飞船等环绕地球运动规律

   D. 不适用于卫星绕行星的运动

2. 飞机与火箭都能飞向空中。它们升空的原理____。

   A. 不相同，飞机是靠运动时空气的托力才不掉下来，火箭是靠反作用力升空的

   B. 相同，都是靠发动机工作才升上天的

   C. 相同，都靠空气的托力

   D. 差不多

3. 自1957年10月4日苏联发射第一颗人造地球卫星至今，全世界已发射了近6000个航天器。这些航天器____发射升空。

   A. 全部由单级火箭

   B. 全部由多级火箭

   C. 有的由多级火箭，也有的由单级火箭

   D. 有的由火箭，有的由航天飞机

4. 最早发明火箭的国家是____。

   A. 苏联　B. 美国　C. 中国　D. 日本

5. 中国的"两弹一星"是指____。

   A.原子弹、氢弹与卫星　B. 氢弹、中子弹与卫星

   C.核弹、导弹与卫星　　D.原子弹、中子弹与卫星

6. 从第一颗原子弹到第一颗氢弹爆炸成功，____。

   A.美国花了3年，苏联花了4年，中国花了5年

   B.美国花了2年多，苏联花了3年，中国花了4年

   C.美国花了7年多，苏联花了4年，中国花了2年8个月

   D.美国花了4年多，苏联花了4年多，中国花了3年

7. 中国独立研制的射程为1200千米的地地导弹，于____发射成功。

   A.1967年5月12日　B. 1966年10月27日

   C.1964年6月29日　D. 1965年4月2日

8. 被人们誉为中国"航天之父"、"火箭之王"的世界著名火箭专家是____。

   A.钱三强　B. 钱伟长　C. 钱学森　D. 周光召

9. 中国独立研制的第一枚探空火箭升起的地方是____。

   A. 酒泉　B. 西昌　C. 上海南汇　D. 太原

10. 中国现有12种不同型号的"长征"系列运载火箭。它们都是____。

   A.1到3级　B. 2到4级　C. 2到3级　D. 1到4级

11. ____运载火箭低轨道运载能力最大为9.5吨。

   A."长征2号"E　B. "长征3号"甲

   C."长征4号"　　D."长征2号"丁

12. 中国正在研制新一代运载火箭，它的最大运载能力是___。

    A.低轨道运载能力最大为15吨，同步转移轨道运载能力最大为10吨

    B. 低轨道运载能力最大为20吨，同步转移轨道运载能力最大为12吨

    C. 低轨道运载能力最大为25吨，同步转移轨道运载能力最大为14吨

    D. 低轨道运载能力最大为30吨，同步转移轨道运载能力最大为15吨

13. 运载火箭主要由结构系统、控制系统、动力系统、遥测系统、外弹道测量和安全系统等五大系统组成。其中，最为基本而不可缺少的是___。

    A.前3个系统　　B.前4个系统　　C.都必不可少　　D.最后一个系统

14. 运载火箭的发射___。

    A.能在陆上发射

    B.可在陆上发射，也可在海上发射

    C.陆、海、空都可发射，目前各国主要从陆上发射

    D. 不可从空中发射

15. 中国运载火箭的发射场现有___卫星发射中心。

    A.酒泉、西昌和太原

    B. 酒泉、西昌、太原和西安

    C. 酒泉、西昌、太原、西安和北京

    D. 酒泉、西昌、太原和上海

16. 世界各国运载火箭大多由西向东发射，并力求将发射场建在赤道附近。其主要原因是___。

    A.尽量借助地球由西向东自转赋予的初速度，以提高运载能力

    B. 赤道附近气候温暖，更适宜发射

C. 离地球两极的磁场越远越好

D. 减少干扰

17. 1969 年 7 月 16 日，美国用____运载火箭，首次将"阿波罗 11 号"载人登月飞船送上月球。

A."德尔它"　B."土星 5 号"　C."大力神"　D."联盟号"

18. 目前世界上可使用的最大运载火箭是"能源号"，它能将 105 吨的航天器送上太空。它是__研制的。

A.美国　B.苏联/俄罗斯　C.欧洲航天局　D.日本

19. 人类宇宙航行面临的主要问题是____。

A.目前，人类的科学技术水平还太低,远远不能适应宇宙航行的需要

B.解决人类长期宇宙航行的燃料与食物

C.解决飞行器结构、控制等问题

D.解决飞行器的燃料问题米

20. 中国第一颗人造地球卫星于 1970 年 4 月 24 日发射成功，距世界第一颗人造地球卫星成功发射____年。

A.13　B.10　C.8　D.20

21. 载有第一台中国自制的中小集成电路星载计算机的卫星是____。

A."实践 1 号"　B."长空 1 号"　C."探测 1 号"　D."东方红 1 号式"

22. 返回式卫星的成功，使中国成为世界上第____个掌握卫星回收技术的国家。

A.继美、苏之后的第三个

B.继美、苏、法之后的第四个

C.继美、苏、法、英之后的第五个

D. 继美后第二个

23. 返回式卫星返回过程中,地面测控站起着重要作用。这些站包括厦门站、南宁站、天山站、长城站、前哨站、黄河站等。其中,迎接卫星飞临国门第一站是___。

A.厦门站　B.前哨站　C.天山站　D.长城站

24. 1992年,全国青少年在卫星搭载番茄种子对比种植实验活动中,大陆和台港澳137所中小学的学生分种的6千克"中杂4号"番茄种子,是由我国第___颗返回式卫星搭载上天的。

A.11　B.13　C.14　D.10

25. "风云1号"是___气象卫星。

A.极轨　B.静止　C.近地轨道　D.远地轨道

26. 中国第一颗静止轨道遥感卫星是___。

A."风云1号C"星　　B."风云2号"A星

C."风云2号"D星　　D."风云1号"

27. 中国的"北斗"导航系统将是___的导航卫星星座。

A.服务全球　　B.服务全国　　C.服务亚洲　　D.服务欧亚

28. "神舟"飞船是__舱式的载人飞船。

A.1　B.2　C.3　D.4

29. 中国的载人航天工程,共包括___大系统。

A.六　B.七　C.八　D.五

30. "神舟"飞船在太空中使用的能源来源于船上的___。

A.蓄电池　B.太阳电池与蓄电池　C.核能电池　D.核能电池

31. "神舟"飞船每次飞行,可以乘坐___名航天员。

A.1～2　B.2～3　C.3～4　D.1

32. 中国现在已经有____艘航天远洋测量船。

A.3 B.6 C.5 D.4

33. "神舟"飞船都是从____发射场升空的。

A.西昌 B.太原 C.酒泉 D.北京

34. "神舟"飞船返回时的主着陆场在____。

A.酒泉 B.内蒙古 C.四川 D.西昌

35. 成为中国进入太空第一人时，杨利伟____岁。

A.18 B.28 C.38 D.30

36. "嫦娥1号"是中国航天科技发展的第____个里程碑。

A.二 B.三 C.四 D.一

37. 1959年世界上成功发射第一个月球探测器的国家是____。

A.美国 B.苏联 C.法国 D.日本

38. 人类已发射了近____个深空探测器。

A.200 B.500 C.1000 D.6000

39. 中国是世界上成功发射月球探测器的第____个国家。

A.二 B.三 C.五 D.四

40. 发射月球探测器的初始速度必须达到____千米/秒。

A.7.9 B.10.848 C.11.2 D.16.6

二、是非题

1. 载人航天总设计师王永志，曾经留学美国。

2. "神舟"飞船的返回舱是当今世界上最大的返回舱。

3. 要成为航天员，只要身体好就可以了。

4. 太空环境中，失重是一种重要的资源。

5. "神舟"飞船的下一步是把航天员送上月球。

6. "神舟"飞船进行无人试验时，飞船里只放置"模拟人"而不放高等动物。

7. 目前，深空探测主要指人类对月球及太阳系的探测活动。

8. "嫦娥 1 号"卫星是由"长征 3 号"甲运载火箭发射升空。

9. "嫦娥"工程（一期）由卫星系统、运载火箭系统、测控系统、发射场系统、地
   面应用系统等五大系统组成。

10. "嫦娥 1 号"在中国航天测控史上第一次利用了甚长基线干涉天文测量技术。

图书在版编目（CIP）数据

中国的飞天 / 马国荣，张祥根，李必光编写 . —上海: 少
年儿童出版社，2011.10
　（探索未知丛书）
　ISBN 978-7-5324-8927-5

Ⅰ.①中... Ⅱ.①马...②张...③李... Ⅲ.①航天—技术
史—中国—少年读物 Ⅳ.① V4-092
　中国版本图书馆 CIP 数据核字（2011）第 219136 号

探索未知丛书
中国的飞天

马国荣　张祥根　李必光 编写
白云工作室 图
卜允台　卜维佳 装帧

责任编辑 王　音　熊喆萍　美术编辑 张慈慧
责任校对 王　曙　技术编辑 陆　赟

出版 上海世纪出版股份有限公司少年儿童出版社
地址 200052 上海延安西路 1538 号
发行 上海世纪出版股份有限公司发行中心
地址 200001 上海福建中路 193 号
易文网 www.ewen.cc　少儿网 www.jcph.com
电子邮件 postmaster@jcph.com
印刷 北京一鑫印务有限责任公司
开本 720×980　1/16　印张 8　字数 99 千字
2019 年 4 月第 1 版第 4 次印刷
ISBN 978-7-5324-8927-5/N·949
定价 29.50 元